超省時減醣便當菜

作者／成澤文子

CONTENTS

part 1

常備菜 & 10分鐘料理

肉類料理⋯⋯⋯17

肉便當

雞肉⋯⋯⋯28

低碳常備菜 28

照燒雞腿排・咖哩檸檬雞・青椒炒雞腿肉・唐揚雞・口水雞・日式酒蒸雞胸・里肌捲・薑汁胡蘿蔔燒雞翅

10分鐘料理 32

泰式烤雞腿・檸檬羅勒雞・青椒炒雞絲・起司雞・紫蘇梅雞・芝麻照燒雞胸

豬肉⋯⋯⋯34

低碳常備菜 34

薑汁燒肉・黑胡椒豬肉絲炒四季豆・蘆筍豬肉卷・味噌豬肉・微辣青椒肉捲・蛋香起司豬・醬油蒸豬肩肉・豬肉鹽炒蕪菁

10分鐘料理 38

鹽昆布炒豬肉・簡易版青椒肉絲・柚子胡椒杏鮑菇炒肉・紫蘇胡椒豬肉捲・中華風涮豬肉・堅果豬排

牛肉⋯⋯⋯40

低碳常備菜 40

秋葵牛肉捲・墨西哥風味炒牛肉・黑醋芥末炒牛肉絲・韓式燒肉・牛肉時雨煮・味噌蘿蔔燉牛肉

10分鐘料理 42

蔥爆牛肉・牛肉金針菇玉子燒・辣味噌牛肉炒高麗菜・泰式涼拌牛肉・牛排燒肉・蠔油番茄炒牛肉

絞肉⋯⋯⋯44

低碳常備菜 44

漢堡排・糖醋肉丸子・毛豆燒賣・雞絞肉丸・海苔雞塊・美式香腸

10分鐘料理 46

日式青椒鑲肉・肉末炒茄子・雞肉捲・芝麻肉丸・醬煎肉餅・番茄絞肉

part 3

常備菜 & 10分鐘料理

飯・麵・麵包 ……81

part 4

常備菜 & 10分鐘料理

蔬菜料理 ……99

part 5

常備菜 & **10分鐘料理**

蛋・大豆・蒟蒻料理 135

再多加一道菜！

常備菜 味噌湯與 **10分鐘** 湯品　146

專欄COLUMN

自己做
減醣便當，
省時省力又省心！

你每天午餐都只吃麵類、飯類果腹嗎？或是吃麵包代替米飯？如果被我說中的人，那你就是醣類攝取過量的高風險群。醣是重要的能量來源，但過度攝取就會造成肥胖。可是，也不建議大家完全捨棄醣分，雖然說斷醣後體重會快速下降，不過極端的減醣，反而容易造成內臟脂肪的增加。

在這裡要跟大家推薦，只要在固定大小的便當容器中裝入料理，就能夠輕鬆調整營養均衡的手作便當。本書中將為大家介紹能夠達到恰到好處的減醣效果，同時也可以讓身體好好攝取蛋白質及膳食纖維等必要營養素的食譜。

書中的每一道菜，都是可以利用假日製作的常備菜，或是在短短10分鐘內就能完成的快速料理，即使在忙碌的早晨也能輕鬆幫全家人帶好便當！中午時段是我們人體最能夠吸收營養素，最適合吃得豐富的一餐，只要確實在這餐中掌控身體需要的營養，就能更快感受到減醣對身體以及美容的效果！

實際便當大約這個大小！
健康好吃分量夠，大滿足的一餐

就這麼簡單！
減醣便當5原則

減醣便當和一般便當的不同之處在於分量與均衡。

含醣量高的米飯少一點，營養豐富的配菜則多一點。快將本書的5個原則記下來吧。

1 決定便當盒的大小

便當盒的容量相當於卡路里量（500ml=約500kcal）。如果便當盒又大又深，很容易不知不覺吃太多，建議換個稍微小一點的便當盒。

2 米飯1人份約 100～120g

控制醣類攝取的決定性關鍵在於飯量多寡。為了避免吃太多，一餐大約是鬆鬆裝滿一個飯碗的量。請不要完全避開主食，這樣反而容易增加脂肪的攝取量。

鬆鬆裝滿一碗的量

3 主菜與配菜要均衡

若飯量和配菜都減少，吃完沒有得到飽足感，很容易導致吃零食或晚餐吃太多的反效果。所以減少的飯量，請用比平常多的配菜來補足，當然也不要忘記放入蔬菜。

4 一個便當的醣量約60g

一個可以適當攝取醣類，又可以達到健康減重效果的便當，含醣量大約是在60g左右，但還是要按照個人的體態和活動量來調整喔。

5 熱量控制在 500～600kcal

就算減少了醣量，也不代表可以毫不節制進食。想要達到減重效果，卡路里的量很重要，一餐大約控制在500～600kcal，是最剛好又吃得飽的範圍。

碳水化合物不能戒掉！

攝取足夠的分量，進行溫和的減醣飲食

本書中的
減醣便當優點

分量足夠，
不會讓自己吃不飽！

減少飯量的話感覺很容易餓……這點各位不用擔心。
本書的減醣便當中含有豐富的主菜與配菜，需要仔細
咀嚼的菜餚，吃完非常有飽足感。吃得滿足，才能達
到健康瘦身的效果。

種類豐富的菜色搭配！

碳水化合物、蛋白質都有，
攝取得到均衡營養！

減醣不是斷醣，只是減少分量而已。除了可以吃米
飯，也均衡放入肉、魚等蛋白質和青菜，可以攝取到
各式各樣的營養素。跟容易營養失衡的外食相比，效
果更好！

用纖維豐富的配菜，
打造不易胖的體質

為了防止飯後血糖值急速上升而導致肥胖，必須保持
良好的腸內環境，此時最不可或缺的就是膳食纖維。
本書將介紹多樣富含膳食纖維的配菜，只要將它們裝
入每天的便當中，就能自然而然攝取。

各式各樣
膳食纖維豐富的配菜！

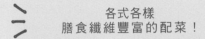

事先決定好分量，
預防過度飲食。

要吃的量就是裝在便當盒裡的量，可以安心全部吃
光，不需要像吃外食一樣擔心不小心過量。此外，如
果晚上有聚餐或前一天吃太多，也可以透過減少便當
的醣分來調節總攝取量。

不能不知道！
「醣類OFF」的減重奧祕

醣類和膳食纖維同樣屬於碳水化合物，是身體與大腦的能量來源。
雖然重要，但過量的醣卻也往往是肥胖的主因，必須學會聰明的攝取方式。

你知道嗎？
「醣」與身體的關係

「醣」≠壞東西

白飯、麵包、根莖類蔬菜，這些大家避之唯恐不及的醣類食材，其實含有豐富的礦物質及膳食纖維等營養素，絕對不是壞東西。之所以需要減醣，是因為現代飲食中的醣往往過多，消耗不完的醣導致血糖值上升，逐漸形成健康問題。

只要知道吃進多少醣，不過量就OK！

白飯
一碗（120g）
醣類**44.2g**

吐司
1厚片
醣類**26.6g**

馬鈴薯
1顆（150g）
醣類**24.5g**

地瓜
1根（200g）
醣類**60.6g**

過量的醣
會導致三酸甘油脂堆積

胰臟為了抑制血糖值，會分泌一種稱為胰島素的激素，如果血糖太多，胰島素分泌過量的話，脂肪細胞就會將醣類吸收，轉變為三酸甘油脂（中性脂肪），增加罹患心臟病、中風、糖尿病等疾病的風險，必須多加注意。

醣吃太多是生活習慣病的主因

肥胖症　糖尿病　高血脂　高血壓　中風　…etc.

在開始「減醣」之前
必須要知道的事情

多注意自己平常吃的食物

如果早餐吃了飯糰與蔬菜汁，午餐吃烏龍麵或麵包，一天的醣量立刻超過100g。下午再喝杯含糖咖啡、吃仙貝，一不小心醣量超過300g也是常有的事。可以參考第150頁的醣量速查表，確認自己是否在無意識間吃下過多的醣。

停止極端減醣的行為

降低碳水化合物的攝取後，體內的水分跟著變少，重量的減輕也會直接反映在體重上。但是，完全不吃碳水化合物的飲食並不安全，極端的限制很容易造成身體反彈，變得不健康。只要遵守不過量的原則，一點一點減少攝取量就好。

你常吃這些食物嗎？

1碗豆皮烏龍麵
→醣類超過60g！

1個飯糰與蔬菜汁
→醣類超過50g！

1個菠蘿麵包
→醣類超過40g！

如果稍微減少主食的分量

| 白飯 | 150g → 減少到120g，醣類減少11g |
| 吐司 | 1/6切片 → 變為1/8切片，醣類減少6.7g |

選擇市售的低醣食品
最近標榜少醣的商品逐漸增加，例如在意吐司含醣量的人，可以選擇購買薄一點的切片，或是市面上販賣的減醣產品。

CHECK一天所需的碳水攝取量！

碳水化合物是由「醣類」＋「膳食纖維」構成。利用下面的公式，快速算出自己的攝取量吧！只要知道一天需要多少碳水化合物，就能以此當成飲食的檢視標準。

一日所需熱量

| 目標體重（kg） | × | 基礎代謝率（kcal） | × | 身體活動程度 | × | 碳水化合物的熱量比例 0.5～0.65 | ÷ | 碳水化合物的熱量 4（kcal） |

■基礎代謝率

年齡	男性	女性
18～29	24.0	22.1
30～49	22.3	21.7
50～69	21.5	20.7

■身體活動程度

Level 1	大部分時間都坐著	1.5
Level 2	大部分時間都坐著，但需要做家事、通勤、公司內移動等活動	1.75
Level 3	以勞力工作為主，或是有運動習慣的人	2.0

範例 40幾歲女性，身高158公分，主要為辦公室文書工作，目標體重設定為50kg。

50 × 21.7 × 1.75 × 0.5 ÷ 4
= 237g

| 一日所需的碳水量 | 膳食纖維目標攝取量 | 醣類攝取標準量 |
| 237g | - 18g | = 207g |

※各項數值以厚生勞動省「日本人的飲食攝取基準（2015年版）」為基準。
※目標體重數值不要設得太極端，1個月大約減1kg左右就好。

含醣量是多？還是少？
經常使用的食材與調味料

首先要記住的是這個高醣量組合。主食的米、小麥等穀類，整體來說不論哪個都是含醣量高的食材。此外，也要注意中式麵條或蕎麥麵、烏龍麵，以及加糖的味醂、番茄醬等含醣量較多的調味料。

米（白飯）
（1碗120g）

醣類44.2g

吐司1厚片
（1片60g）

醣類26.6g

麵粉（1大匙）

醣類6.6g

味醂（1大匙）

醣類7.8g

太白粉（1大匙）

醣類7.3g

義大利麵
（乾100g）

醣類71.2g

麵包粉（1大匙）

醣類1.8g

番茄醬
（1大匙）

醣類4.6g

主食　肉類　海鮮類　調味料等

高

低

卡路里或膽固醇看起來很高的肉類、乳製品、雞蛋，其實是低醣的食材。魚類貝類或海藻、醬油、味噌的醣也不多。至於油脂類則是含醣低但卡路里偏高，一樣要注意攝取量。

披薩用起司
（25g）

醣類0.3g

美乃滋
（1大匙）

醣類0.2g

鮭魚（1切片）

醣類0.1g

豬里肌肉片（100g）

醣類0.2g

海帶芽（1大匙）

醣類0.2g

雞蛋（1顆）

醣類0.2g

沙拉油（1大匙）

醣類0.0g

醬油（1大匙）

醣類1.8g

味噌（1小匙）

醣類1.0g

想要控制醣攝取量，第一步就是要知道食材含有多少醣。減少高醣食材及調味料的用量和使用頻率，積極選擇低醣的食材及調味料，這樣一來，就能夠輕鬆減少攝取的醣分。

把這些記在腦袋裡

蔬菜基本上醣都不多，只有根莖類、甜番茄等為例外，最好儘量少用或減少用量。水果雖然富含維他命和礦物質，但醣幾乎都偏高，必須小心過量。

馬鈴薯（1顆150g）

醣類24.5g

地瓜（1條200g）

醣類60.6g

番茄（1顆150g）

醣類5.6g

香蕉（1根）

醣類21.4g

南瓜（150g）

醣類25.7g

蓮藕（70g）

醣類9.5g

洋蔥（1粒200g）

醣類14.4g

葡萄（100g）

醣類15.2g

高

蔬菜　根莖類　水果　大豆製品等

葉菜類蔬菜或花椰菜、大豆製品、堅果類、海藻類、蕈菇類、蒟蒻等，整體來說為低醣食材。特別是其中的香菇和蒟蒻，膳食纖維含量高，能夠抑制血糖上升，建議積極運用在飲食中。

菠菜（100g）

醣類0.3g

茄子（1條70g）

醣類2.0g

青椒（1個34g）

醣類1.0g

蒸大豆（100g）

醣類5.0g

堅果類（15g）

醣類1.7g

低

花椰菜（100g）

醣類0.8g

鴻禧菇（1盒100g）

醣類1.3g

香菇（1朵15g）

醣類0.2g

油豆腐（1/2片100g）

醣類0.2g

蒟蒻（100g）

醣類0.1g

靠 常備菜 與 10分鐘料理 的力量，
養成每天做減醣便當的習慣！

減肥最重要的是持之以恆。為了不要過於為難自己，可以多利用先做起來放的常備菜和短時間就能製作的料理。本書將介紹大約400種配菜，讓你自由排列組合，每天吃也不膩。

常備菜

常備菜

10分鐘
料理

「常備菜」一次做好，
可保存2～7天！

配菜一次多做一些起來保存，早上只需要裝進便當就好。為了防止食物腐壞，做好之後最好迅速冷卻並儘快放入冰箱。此外，冷凍過的食品必須先使用微波爐加熱，放涼之後再裝入便當盒。

主菜配菜
都豐富！

分裝成一次用量
再放入冷凍庫

漢堡排或魚片等食材，建議先使用保鮮膜將一次用量包起來之後，再放到保鮮袋裡。比較細小零碎的配菜也可以先放入較小的保存容器中，再放冰箱冷凍。

早上不用趕！
「10分鐘料理」，
用冰箱裡現有食材瞬間完成！

沒時間製作常備菜或買菜時，可以改用10分鐘內快速完成的料理做便當。本書介紹的食譜，都是使用家裡冰箱常見或容易取得的食材。讓你在思考營養與調味均衡的瞬間完美上菜。

用雞蛋搞定
一道菜！

將小香腸
迅速炒好

兩種方式交互活用

最容易持續

把花時間的主菜做成常備菜，早上用10分鐘簡單完成配菜！

裝進去就好

沒時間了～
這時候就全部交給常備菜吧！

菜色更豐富

多準備幾道常備菜當配菜，早上迅速做一道主菜。

只用現有食材

沒有任何常備菜庫存，那就搭配幾種10分鐘料理快速組裝。

裝便當的方法

一個減醣便當基本是白飯和三樣配菜。控制飯的分量，提高配菜的存在感。如果是食物容易腐壞的季節，建議用蠟紙把各種配菜隔開。

建議秤重計量

味噌美乃滋高麗菜 ▶P.102　咖哩蛋 ▶P.136

漢堡排便當

漢堡排 ▶P.44　大麥飯 ▶P.98

1 先裝飯，將裝配菜那側鋪成斜面。還無法判斷飯量多寡前，建議先量好再裝。

2 將生菜撕成適當大小鋪在飯的斜面上，分隔飯和配菜。

3 裝入做為配菜的味噌美乃滋高麗菜。

4 再放入一些生菜當成隔板。

5 主菜的漢堡排擺在飯的斜面上，讓它看起來很有分量。

6 在縫隙中裝入咖哩蛋，最後再加一顆小番茄增添色彩。

POINT

常備菜
先重新加熱後再裝

冷凍的不用說，冷藏保存時也一樣，拿出要裝便當的量之後，先用爐火或微波爐加熱（微波加熱途中要攪拌一下，避免受熱不均）。將配菜再次加熱之後放涼，可以防止細菌繁殖。

湯汁較多的配菜先瀝乾

湯汁多的配菜，先用紙巾將水分吸乾之後再裝入便當盒中。水分較多的白蘿蔔、白菜等，用紙巾包起來按壓出水分。

不用手直接觸碰

用紙巾包起來後，接著用湯匙按壓，就不用擔心手上的細菌跑到食材上。

連湯汁一起裝的密封容器

保存的容器建議挑選蓋子可以轉緊的密封種類，就不用擔心湯汁外露。

活用保冷劑或保冷袋

帶便當出門的期間，如果天氣太熱或溫度變化太大，很容易食物中毒。不論什麼季節，請一定要使用保冷劑或保冷袋，避免溫度上升。

本書的食譜頁面分為「常備菜」與「10分鐘料理」兩種。
此頁將分別說明這兩種各自的標示以及閱讀方式。

常備菜 為可帶2～8次便當的食譜

本書中常備菜的食譜，設定在可帶2～8次便當的量。
一次製作全家人的便當時也能直接使用，非常方便！

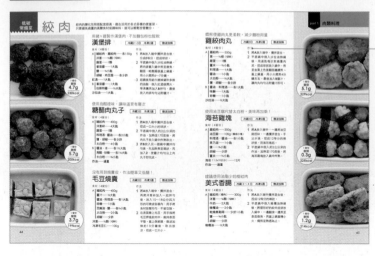

建議保存期限＆解凍法

| 冷藏3日 | 冷凍2週 |

| 微波加熱 |

每一道食譜都清楚標示建議保存時間，
也提供適合的重新加熱方式。

10分鐘料理 是1人份的快速簡單菜餚

早上從冰箱拿出食材後，迅速就能完成的1人份食譜，
全部都是可以馬上做好的簡單料理！

每道菜的調理時間

| 烹調5分鐘 |

標示大約需要花費的烹調時間，可參考
時間長短，讓早上的作業流程更順利。

料理的更多變化

除了介紹料理的做法外，也
提供改用其他食材或調味，
做出更多樣化配菜的方法。

清楚標示
醣類＆卡路里

醣類
1.0g
169kcal

標示每道菜1人份
（1餐分量）的醣類
與卡路里。請參考
此數值自由搭配便
當菜。

※以日本食品標準成分表2015年版（七訂）為基準
計算。

關於本書的食譜標記

■1大匙＝15ml，1小匙＝5ml，1杯＝200ml。「1小
撮」是以拇指、食指、中指這三根手指捏起的量，
介於1/6～1/5小匙之間。

■微波爐使用600W調理。如果用500W，請將加熱時
間調整為1.2倍，配合W數做適當調整。

■烤箱的機種不同，加熱狀況也有所不同，請依各自
情況調整加熱時間。

■平底鍋使用不沾鍋。

■書上標示的冷藏、冷凍保存日數會因季節或保存環
境不同而異，僅供參考使用。

常備菜 & 10分鐘料理

肉類料理

無論是雞肉、豬肉、牛肉、絞肉還是加工肉品,幾乎所有肉類都是低醣高蛋白。但還是要盡可能避免使用高卡路里的豬五花肉,選擇瘦肉多的部位,才能吃得更健康。

鹹鹹甜甜的經典口味，加上清爽解膩的蔬菜

照燒雞排便當

醣類
49.2g
501kcal

受到各年齡層歡迎的照燒雞排，鹹鹹甜甜的醬汁醣分稍微偏高。
在便當中加入清爽的和風拌菜或漬物，保持便當整體的口味和營養平衡。

常備菜
柚漬白菜彩椒
▶ P.125

常備菜
芝麻涼拌四季豆
▶ P.104

大麥飯（120g）
大麥含有豐富的膳食纖維，吃
起來Q彈又有飽足感。作法請
參考第98頁。

常備菜
照燒雞腿排
▶ P.28

減醣 POINT 減少照燒醬的用量。先將煎雞排的平底鍋的油擦拭乾淨之後再淋醬，味道更容易吸收，就不需要
過多醬汁，可以減少醣分攝取。用來增添色彩的甜椒含醣量較高，做成配菜適量添加就好。

肉便當 2

招牌豬肉料理搭配綠色蔬菜，帶來滿滿的元氣

薑汁燒肉便當

使用厚切豬肉帶出分量感，以雞蛋和綠色蔬菜讓便當色彩更豐富。
搭配一碗熱湯，可以讓身體更暖和、增添飽足感。

醣類
41.8g
541kcal

※不包含味噌湯。

海帶芽蔥花味噌湯
▶ P.146

白飯（100g）

肉類料理的調味不要太
重，就能減少配飯的
量。可以在白飯上撒一
些香鬆添加色彩。

10分鐘料理
荷蘭豆炒蛋
▶ P.111

常備菜
杏仁拌菠菜
P.103

常備菜
薑汁燒肉
P.34

減醣
POINT　豬肉不抹太白粉直接煎。使用厚切豬里肌做成的薑汁燒肉，因為咀嚼次數增加，更能刺激飽食中樞。小番茄的醣量比大番茄來得少，放在便當縫隙間讓顏色變得更加豐富。

19

口味清爽、低卡無負擔的香煎雞里肌＋大豆

檸檬羅勒雞肉便當

醣類
49.3g
515kcal

只要將低脂又容易消化的雞里肌肉煎香，主菜就完成了。
因為醣分低，卡路里也不高，搭配番茄等高醣配菜也不用擔心。

雜糧飯（120g）
十六穀米等雜糧飯含有豐富的膳食纖維及礦物質。將紅米混入白米中炊煮之後，米飯就會染上紅色，增添便當的色彩。

10分鐘料理
檸檬羅勒雞
▶ **P.32**

常備菜
番茄燉豆
▶ **P.141**

常備菜
醋漬櫛瓜
▶ **P.101**

減醣 POINT 　將口感乾澀的雞里肌肉，在不增加醣量的範圍內裹上少量太白粉，增添滑嫩口感。配菜的茄汁黃豆則能補充蛋白質以及礦物質，還能用香濃鮮甜的番茄提高滿足感。

肉便當 4

有分量又有飽足感的薄皮炸雞便當
唐揚雞便當

醣類
44.8g
573kcal

把高醣量的經典日式炸雞，改成薄薄太白粉的麵衣。搭配上口感清爽、膳食纖維高的秋葵、高麗菜做成的小菜，輕鬆控制整體的醣攝取量。

白飯（100g）
在白飯上放一顆酸梅和黑芝麻，酸酸的開胃香氣和繽紛的色彩，也是影響美味與否的重要因素。

常備菜
唐揚雞
▶ P.29

10分鐘料理
櫻桃蘿蔔高麗菜沙拉
▶ P.118

10分鐘料理
梅乾拌秋葵
▶ P.110

減醣 POINT 　將炸雞的醃料確實瀝乾後再裹粉，裹得粉會比較薄，醣量也比較低。炸完第一次後，用高溫回炸過再起鍋，這樣即使只裹薄薄一層粉，外皮還是會金黃酥脆又好吃。

特別的日子或是沒時間時都很適合的美味便當
牛排燒肉便當

醣類
47.6g
566kcal

早上稍微煎一下，美味的牛排就完成了，當冰箱常備菜庫存用完時，就用這個便當來撐住場面。牛肉與甜椒等配菜也可以用來補充容易缺乏的鋅和維他命C。

大麥飯
（120g）

口感Q彈，膳食纖維含量比白飯更高。最後撒上黑芝麻畫龍點睛，看起來更美味。

10分鐘料理
金平甜椒
▶ P.119

10分鐘料理
醬炒獅子唐青椒
▶ P.111

10分鐘料理
牛排燒肉
▶ P.43

減醣 POINT 挑選瘦肉多又紮實的厚切肉片，利用大蒜提味，即使不加高醣量的調味料也能表現出肉的美味。不想要有蒜味的人，不加也OK。

肉便當 6

以香氣四溢的肉捲為主角，能夠攝取到豐富蔬菜的組合

紫蘇胡椒豬肉捲便當

把帶有清新香氣的青紫蘇捲起來就好。
即使冷掉，豬肉的口感依然清爽好吃。
享受富有嚼勁的配菜，
用鮑仔魚及鹽麴的美味讓滿足感更上一層樓。

醣類
45.2g
533kcal

大麥飯
（120g）

煮白米時混入高
膳食纖維的大麥
一起炊，有助於
減緩醣類吸收的
速度。

常備菜
青椒炒鮑仔魚
▶ P.101

10分鐘料理
紫蘇胡椒豬肉捲
▶ P.39

常備菜
鹽麴甜椒沙拉
▶ P.114

減醣
POINT　豬肉捲結合清爽的紫蘇香氣，不用添加高醣調味料，簡單的鹽與胡椒調味就很好吃。撒上一點帶
有辛辣刺激感的粗黑胡椒，也能為料理增香提味。

即使放入醣量偏高的漢堡排,也不超過攝取量!

漢堡排便當

醣類
55.2g
519kcal

減少使用高醣分的麵粉及醬料,改以豬肉+低脂肪的雞肉做成絞肉。
這麼一來,就算冷冷吃口感依然柔軟,也能降低脂肪的攝取量。

白飯(120g)
用漢堡排及白飯
搭配成夏威夷米
漢堡般的便當口
味。小心漢堡排
的醬汁不要放太
多,才不會忍不
住配很多飯。

常備菜
味噌美奶滋高麗菜
P.102

常備菜
漢堡排
▶ P.44

常備菜
咖哩蛋
P.136

減醣
POINT　在製作漢堡排時不要加醣量高的麵包粉。沒有麵包粉的肉排剛開始稍微鬆散,但煎過之後就會柔軟度適中。用來搭配的高麗菜醣量很低,放很多也不必擔心。

肉便當 8

用微波爐就能做的大分量雞肉料理！

雞肉捲便當

將Q彈有嚼勁的香菇加入低脂雞肉中，
做成口感清爽的雞肉捲。
搭配酸酸甜甜的西西里島燉菜
與美乃滋風味沙拉，
美味度更上一層樓。

醣類
50.2g
525kcal

常備菜
西西里燉菜
▶ P.117

白飯（120g）
將清爽的主菜與配菜
裝得滿滿的，即使減
少飯量也能做出具有
滿足感的便當。

常備菜
花椰菜水煮蛋沙拉
▶ P.100

10分鐘料理
雞肉捲
▶ P.46

減醣
POINT　雞肉捲內不加麵包粉或麵粉等會增加醣量的食材，改放入口感及體積較有存在感的香菇。煮過的
綠色花椰菜與雞蛋沙拉，也能有效增加便當的分量感。

用大量蔬菜搭配鹹甜的韓式炒牛肉，分量大滿足！

韓式燒肉便當

醣類
54.6g
542kcal

選用低醣低脂的牛瘦肉，充分攝取優良的蛋白質。
放入滿滿的蕈菇增加分量，不僅有飽足感，也能補充膳食纖維。

白飯（120g）
把和蔬菜與蕈菇一起炒的韓式燒
肉大量裝入便當中，白飯稍微放
少一點也能吃得很有飽足感。

10分鐘料理
海苔炒杏鮑菇
▶ P.133

常備菜
韓式燒肉
▶ P.41

常備菜
醋漬蓑衣黃瓜
▶ P.104

減醣
POINT　韓式燒肉的鹹甜醬汁很容易讓醣分飆高，但只要加入有嚼勁又容易增加飽足感的蕈菇或小黃瓜等低醣蔬菜，就能夠平衡便當整體的醣量。

肉便當 10

用金針菇代替義大利麵，一口氣降低醣攝取量！

拿坡里風味香腸便當

金針菇加入小香腸做成偽拿坡里義大利麵，增加便當的滿足感！
搭配雜糧飯糰當主食，富有嚼勁的口感可以防止狼吞虎嚥。

醣類
52.8g
534kcal

10分鐘料理
拿坡里香腸炒金針菇
P.50

雜糧飯
（120g）

搭配雜糧飯做成的
手捏飯糰，也能補
充大腦能量。

10分鐘料理
醬炒甜豆
P.110

常備菜
起司毛豆
玉子燒　**P.136**

🚩 **減醣 POINT**　滑嫩又有嚼勁的金針菇，是代替義大利麵的不二選擇。製作拿坡里醬料時，盡可能減少番茄醬的用量也是控制醣分的小技巧。再加上小香腸，以及蛋白質來源的玉子燒配菜，豐富又美味！

雞肉

低醣量、低脂肪、高蛋白質的雞肉，絕對是減重好夥伴。
在備料時先去除多餘的脂肪，把筋劃開之後再開始料理。

1 餐份
醣類
6.0g
279kcal

降低醬汁甜度與用量，讓醣分再減少
照燒雞腿排

冷藏2～3日　冷凍2週　　微波加熱

POINT▶雞肉裹上一層薄薄的麵粉煎過之後，將平底鍋中的油擦拭乾淨。這麼一來，即使只用少量醬汁也能很快入味。

食材（4餐份）

雞腿肉……400～500g
鹽・胡椒・麵粉……各少許
A｜醬油……1½大匙
　｜味醂……1½大匙
　｜料理酒……1大匙
　｜砂糖……2小匙
沙拉油……½大匙

作法

1 用刀刮除雞腿肉上多餘的脂肪，再把筋劃開。撒上鹽與胡椒，裹上薄薄一層麵粉。

2 在平底鍋上抹一層沙拉油，將1的皮面朝下平擺入鍋中，開中火煎。煎至金黃焦酥後翻面，轉中小火煎4分鐘後取出。

3 用紙巾吸除平底鍋中多餘的油脂，再把A倒入鍋中煮滾後，將2放回鍋內煮至收汁。放涼後切塊。

---------- 變化版 ----------
想要再降低含醣量時，也可以在雞肉上抹鹽與胡椒調味後，直接用橄欖油將雞皮煎至金黃酥脆。

1 餐份
醣類
1.3g
231kcal

紅椒不要過量，少許點綴色彩就好
咖哩檸檬雞

冷藏2～3日　冷凍2週　　微波加熱

POINT▶即使冷掉也能促進食欲的咖哩香氣。甘甜的紅椒與咖哩非常搭，適量加入後便當變得更繽紛。

食材（6餐份）

雞腿肉……600g
紅甜椒……½顆
A｜蒜末……½小匙
　｜鹽……⅔～1小匙
　｜咖哩粉……2小匙
　｜檸檬汁……1½大匙
沙拉油……1大匙

作法

1 將雞腿肉切成2公分塊狀，紅椒切成1公分條狀。

2 將切好的雞腿肉放入塑膠袋內，加入A醬汁，隔著袋子稍微按壓一下之後，放入冰箱靜置15分鐘以上。

3 平底鍋內倒入沙拉油熱鍋，將醃好的腿肉雞皮那面朝下放入鍋中。旁邊有空間的地方放入甜椒，翻炒至熟即可起鍋。

---------- 變化版 ----------
使用醬油或料理酒、柚子胡椒等調味後，用芝麻油煎，做成香氣濃郁的和風口味。

少糖版醬汁，就靠芝麻油的香氣提味

青椒炒雞腿肉

冷藏2～3日　冷凍2週　｜微波加熱

POINT▶將雞皮煎至焦香酥脆。減少醬汁裡的糖，改用芝麻油增加濃郁的香氣。煮好後連湯汁一起保存，讓雞肉與青椒更入味。

食材（6餐份）

雞腿肉……500g
青椒……3顆（切滾刀塊）
A｜鹽・粗黑胡椒粉……各少許
B｜醬油……1½大匙
　｜芝麻油……1½大匙
　｜砂糖・醋……各1½大匙
沙拉油……1½大匙

------------ 變化版 ------------
除了青椒之外，也可以換成蘆筍，或是改成用醬油、料理酒、砂糖、檸檬汁的清爽和風醬調味。

作法

1 將雞腿肉切成方便食用的一口大小，撒上A，搓揉均勻。

2 在平底鍋底部抹上一層沙拉油之後，將雞皮面朝下平擺入鍋中，開中火煎。不時使用鍋鏟輕壓雞肉，待雞皮金黃酥脆後翻面，加入青椒翻炒。等全部炒熟後，先用紙巾吸除多餘油脂，再倒入B醬汁，讓雞肉與青椒均勻沾裹醬汁即完成。

1 餐份
醣類
2.7g
288kcal

太白粉麵衣含醣量高，越薄越好

唐揚雞

冷藏2～3日　冷凍2週　｜微波解凍後，用烤箱加熱

POINT▶裹在雞腿肉外層的太白粉麵衣盡可能越薄越好。先將醃料完全瀝乾之後均勻裹上太白粉，再輕拍掉多餘的粉。

食材（6餐份）

雞腿肉……500g
太白粉……適量
A｜醬油・料理酒
　｜……各1½大匙
　｜薑……1大片（切末）
炸油……適量

------------ 變化版 ------------
將太白粉換成黃豆粉雖然會降低酥脆口感，但能夠確實減少含醣量。

作法

1 將雞腿肉切成一口大小，放入塑膠袋中，再加入A醬汁，隔著袋子稍微按壓均勻後，放入冰箱靜置15分鐘以上。

2 取出後將醬汁瀝乾，雞肉裹上薄薄一層太白粉。

3 將炸油加熱至170度後，放入雞塊炸到外衣金黃酥脆後即可起鍋。

1 餐份
醣類
4.8g
339kcal

1 餐份
醣類
1.7g
165kcal

麻辣鮮香的四川風味涼菜
口水雞

冷藏3～4日　冷凍2週　｜微波加熱｜

POINT▶ 和低醣的麻辣醬一同享用的新經典菜單。
若要冷凍保存，建議雞肉與醬料分開放，解凍後再淋上調味。

食材（6餐份）

雞胸肉……500～600g
鹽……½小匙
A｜薑……2片（切薄片）
　｜蔥（蔥綠部分）……1根
B｜生薑……1片（切末）
　｜大蒜……1瓣（切末）
　｜醬油・烏醋・芝麻油
　｜……各1½大匙
　｜砂糖……¾小匙
　｜辣油……⅓小匙
　｜白芝麻……1½小匙
　｜珠蔥……3根（切成小段）

-------- 變化版 --------
雞胸肉不切塊保存起來，之後可以
撕成雞肉絲，做成日式棒棒雞或雞
肉沙拉等料理。調味醬裡加山椒粉
或花椒，也能夠增添不同的風味。

作法

1 將雞胸肉用鹽輕輕搓揉均勻，靜置10分鐘後瀝乾水分。選擇能夠剛好放入雞肉大小的鍋子後，將雞胸肉放入鍋中，加入A，接著加水至剛好蓋過雞肉的高度，開火加熱。沸騰後，撈掉表層的浮沫，蓋上鍋蓋，轉小火繼續加熱7～8分鐘（中途要將肉翻面一次）。

2 關火後直接將整鍋連水一起放涼，再取出雞肉切塊，裝入保存容器中，淋上充分拌勻的B調味醬即完成。

1 餐份
醣類
0.4g
122kcal

簡單調味就很美味，輕鬆用微波爐完成的料理
日式酒蒸雞胸

冷藏3～4日　冷凍2週　｜微波加熱｜

POINT▶ 香氣迷人。不需多餘的調味料，加鹽與胡椒就很美味。冷藏保存時連同湯汁一起放入冰箱，若要冷凍，則將湯汁瀝乾之後再放入冷凍庫。

食材（3餐份）

雞胸肉……300g（去皮）
鹽……½小匙
粗黑胡椒粉……少許
白酒……1½大匙
月桂葉……1片

-------- 變化版 --------
把做好的酒蒸雞胸肉撕成肉絲拌入
沙拉，或是夾入麵包做成三明治都
很好吃。

作法

1 將雞胸肉較厚的部分切開後均切成塊，用鹽與粗黑胡椒粉輕輕搓揉入味。

2 將1放入耐熱容器中，撒上白酒，放上月桂葉，覆蓋上保鮮膜後，用微波爐加熱3分鐘。接著翻面，覆蓋上保鮮膜，再加熱1分30秒後，直接靜置2分鐘，讓雞肉均勻受熱。取出放冷後切成容易食用的大小，與湯汁一起冷藏保存。

含醣量比用雞絞肉做的肉捲更低、蛋白質更豐富！

里肌捲

冷藏2～3日　冷凍2週　　微波加熱

POINT▶將雞里肌肉製作成大小適中、容易食用的肉捲。利用青紫蘇及生火腿的香氣充分提味，即使不加高醣調味料也很美味。

食材（4餐份）

雞里肌肉……6條（300g）

生火腿……3～9片

青紫蘇葉……6片

A｜鹽・胡椒……各少許
　｜白酒……2大匙

橄欖油……1小匙

作法

1　去除雞里肌肉的筋之後，將雞肉從上方下刀，不要切斷，切到想要的厚度時停住，再分別向兩旁平行切開，讓兩側的肉像櫃子門一樣向左右攤開。將生火腿切成跟雞里肌相同的寬度。

2　依序在雞里肌肉上擺放生火腿和青紫蘇後，把長度切一半，從較細的那一側開始捲起。接著將連接處朝下，擺放至盤子裡，撒上**A**。

3　用保鮮膜封住，微波加熱5分鐘～5分30秒後翻面，再用保鮮膜封住加熱20秒，接著靜置2分鐘，使雞肉受熱均勻。取出後，切成方便食用的大小再放入保存容器中，淋上橄欖油即完成。

------------ 變化版 ------------
改做成清爽的梅子雞肉捲也很可口。按照個人喜好在雞肉中夾入青紫蘇、起司片或海帶後捲起來，就能輕鬆做出不同口味的變化。

1 餐份
醣類
0.4g
113kcal

使用鮮味豐富的帶骨肉，減少砂糖用量

薑汁胡蘿蔔燒雞翅

冷藏3～4日　冷凍2週　　微波加熱 or 放入鍋中加熱

POINT▶透過熬煮釋放出雞翅的鮮味後，即使減少甜度也不乏味。解凍時，也可以直接加入少許水，放入鍋中加熱。

食材（4餐份）

中段雞翅……12支

胡蘿蔔……½小根

A｜醬油・料理酒……各1小匙

B｜薑汁……½大匙
　｜水……1杯
　｜砂糖……1大匙
　｜料理酒……2大匙
　｜醬油……1½大匙

沙拉油……½大匙

------------ 變化版 ------------
將調味替換成醬油、醋、砂糖各2大匙，薑末1匙，加入3大匙的水，蓋上鍋蓋煮10分鐘，做成糖醋風味。

作法

1　先將雞翅沿著骨頭劃一刀。胡蘿蔔去皮切成一口大小的滾刀塊。

2　將處理好的雞翅與A放入塑膠袋中，輕輕搓揉入味。

3　平底鍋中倒入沙拉油熱鍋，將雞翅擺入鍋中，煎至兩面金黃之後，放入胡蘿蔔一起炒至油亮，再加入**B**調味醬汁，蓋鍋蓋轉中小火煮20分鐘。接著將蓋子掀開，轉成中火，煮至收汁即完成。

1 餐份
醣類
4.6g
229kcal

雞肉

簡單煎或炒就能完成的美味料理。以含醣量低的調味料或食材本身的味道調味，讓口味清淡的雞肉迅速變成滿足味蕾的開胃主菜。

烹調10分鐘

泰式烤雞腿

醣類
3.0g
229kcal

前一天就可以先將雞肉放入醃料中醃。
裝入便當盒時，加一片檸檬更提味。

食材（1人份）

雞腿肉⋯⋯100g（切塊）
玉米筍⋯⋯2根（縱切一半）
A｜魚露⋯⋯1小匙
　｜蠔油⋯⋯½小匙
　｜檸檬汁⋯⋯½小匙
　｜砂糖⋯⋯⅓小匙
　｜蒜末⋯⋯少許
沙拉油⋯⋯適量

作法

1 將雞腿肉與A醃料放入塑膠袋中，輕輕搓揉使其入味。

2 平底鍋中倒入沙拉油熱鍋，將雞腿肉雞皮面朝下擺入鍋中，放入玉米筍。接著蓋上鍋蓋，轉成中小火煎熟即可起鍋。

檸檬羅勒雞

醣類
2.7g
166kcal

羅勒用新鮮的或乾燥的皆可。起鍋前再淋上檸檬汁，清爽的香氣令人食指大動。

食材（1人份）

雞里肌肉⋯⋯100g
A｜雞湯粉⋯⋯⅓小匙
　｜料理酒⋯⋯½小匙
　｜乾燥羅勒⋯⋯少許
　｜太白粉⋯⋯½小匙
檸檬汁⋯⋯½大匙
橄欖油⋯⋯1小匙

作法

1 去除掉雞里肌肉的筋之後，把肉較厚的地方先用刀劃開，再放到盤子裡，依序撒上A，搓揉均勻使其入味。

2 平底鍋中倒入橄欖油熱鍋後，將雞里肌放下去煎。等兩面煎至金黃色之後，淋上檸檬汁，再迅速將兩面煎熟即完成。

烹調8分鐘

青椒炒雞絲

醣類
5.3g
228kcal

將雞胸肉順著紋路切成雞肉絲，順紋切可以讓雞胸肉吃起來柔軟滑嫩不乾柴。

烹調8分鐘

食材（1人份）

雞胸肉⋯⋯100～120g（切粗絲）
青椒⋯⋯1顆（切細絲）
蔥⋯⋯¼根（斜切片）
A｜胡椒⋯⋯少許
　｜料理酒⋯⋯½大匙
　｜芝麻油⋯⋯½小匙
　｜太白粉⋯⋯1小匙
B｜雞湯粉⋯⋯⅛小匙
　｜醬油⋯⋯1小匙
　｜白芝麻⋯⋯少許
沙拉油⋯⋯1小匙

作法

1 將A依序撒到切好的雞肉絲上後，搓揉均勻。

2 平底鍋中倒入沙拉油熱鍋後，將雞肉絲放入鍋中平均翻炒，待雞肉炒至變色後，加入青椒和蔥均勻拌炒。

3 接著加入B調味，嚐嚐看味道，若鹹度不夠再加入少許鹽（材料分量外）調整。

烹調8分鐘

起司雞

以起司粉代替高醣的粉類裹在雞肉上料理。
不僅吃起來柔嫩，也更美味！

醣類
3.5g

319kcal

食材（1人份）

雞腿肉……100g（切塊）
荷蘭豆……4個
鹽……少許
料理酒……½大匙
起司粉……1大匙
橄欖油……½大匙

作法

1 用紙巾將雞腿肉的水分吸乾
後，用鹽和料理酒輕輕搓
揉，再瀝掉水分後，裹上起
司粉。荷蘭豆撕去粗筋、洗
淨後備用。

2 平底鍋中倒入橄欖油熱鍋
後，將雞腿肉的雞皮面朝下
放入鍋中，剩餘空間中放入
荷蘭豆翻炒。荷蘭豆炒熟後
先取出，雞肉煎至金黃後，
翻面繼續煎至熟為止。

紫蘇梅雞

梅乾的用量要依照鹹度與酸度調整，
若太甜可以加入少許醬油中和。

醣類
1.1g

140kcal

食材（1人份）

雞里肌肉……100g
A｜薑……2片（切片）
　｜料理酒……½大匙
酸梅……1個（去籽）
青紫蘇……3片（切絲）
橄欖油……½小匙

作法

1 先將雞里肌肉的筋去除之
後，將雞肉從上方下刀，
不要切斷，切到想要的厚
度時停住，再分別向兩旁

平行切開，讓兩側的肉可
以向左右攤開。

2 將雞里肌和A放入鍋中，
加水到剛好蓋過雞肉的高
度後，開火加熱。沸騰後
撈掉表層浮沫，關火，蓋
上鍋蓋靜置4～5分鐘。將
煮熟的雞肉取出放涼，用
紙巾將水分吸乾，再撕成
容易食用的大小。

3 將酸梅與青紫蘇放入碗
中，加入雞肉拌勻，最後
淋上橄欖油即完成。

烹調10分鐘

烹調8分鐘

芝麻照燒雞胸

太白粉只要裹薄薄的一層就好，
使用蜂蜜增加天然的甜蜜滋味。

醣類
6.4g

213kcal

食材（1人份）

雞胸肉……100g（去皮，切片）
A｜鹽、胡椒……各少許
　｜料理酒……1小匙
　｜薑汁……½小匙
太白粉……1小匙
B｜醬油……1小匙
　｜料理酒・蜂蜜……各½小匙
　｜白芝麻……適量
沙拉油……1小匙

作法

1 將A依序撒至切好的雞胸肉
上，輕輕搓揉入味。瀝掉水
分後，裹上薄薄的太白粉。

2 平底鍋中倒入沙拉油熱鍋
後，將處理好的雞肉放入鍋
中煎到金黃上色，再加入B
的調味醬汁，使雞肉均勻沾
附調味醬汁即完成。

33

豬肉

含醣量低，但脂肪較高的豬肉，只要多增加蔬菜量，就不用擔心卡路里。再搭配低醣調味料，就能做出健康和心靈都滿足的料理。

既能降低甜度，也能減少表面的麵粉

薑汁燒肉

冷藏3日　冷凍2週　　微波加熱

POINT▶薑汁燒肉的醬汁如果太多，醣量很快就超標。不要將豬肉放入醬汁中醃漬，而是等煎熟之後再均勻裹上醬汁。

食材（4餐份）

豬里肌肉片……400g

A 醬油・料理酒
　　……各2大匙
　　薑……1大片（切末）
　　砂糖……½大匙
芝麻油……1大匙

作法

1 首先將豬肉的筋膜去除後，切成方便食用的大小。

2 將芝麻油倒入平底鍋中，熱鍋後把處理好的肉片放入鍋內，煎至兩面上色後，倒入調好的A醬汁，使肉片均勻沾裹醬汁即完成。

------------ 變化版 ------------
加入蔬菜一起炒，或是加少許咖哩粉調味也是很好的選擇。

> 1餐份
> 醣類
> **2.7g**
> 245kcal

用生薑與黑胡椒提出美味

黑胡椒豬肉絲炒四季豆

冷藏2～3日　冷凍2週　　微波加熱

POINT▶起鍋前撒上微辣的粗黑胡椒粉，即使不加其他調味料，也能帶出豬肉的鮮味，並確實減少含醣量。

食材（4餐份）

豬肉絲……300g

四季豆……100g

薑末……½大匙

A 醬油・料理酒
　　……各1大匙
粗黑胡椒粉……少許
沙拉油……2小匙

作法

1 四季豆汆燙後斜切成一半。

2 將沙拉油倒入平底鍋中，放入薑末開火爆香，等香味出來後加入豬肉絲翻炒。

3 待豬肉炒至變色後，加入A醬料炒勻，接著放入四季豆快速翻炒。試試看味道，如果不夠鹹再加少許鹽（分量外）調味，最後撒上粗黑胡椒粉即完成。

------------ 變化版 ------------
綠色蔬菜也可以按照個人喜好，換成蘆筍或荷蘭豆來烹調。

> 1餐份
> 醣類
> **1.7g**
> 171kcal

麵衣不加蛋，讓卡路里和醣量都在安全範圍內

蘆筍豬肉捲

冷藏2～3日　不能冷凍

POINT▶選擇比較細的麵包粉，可以讓麵衣更薄，也較難吸收油脂，有效降低醣量及卡路里。不加醬料，只用鹽調味也很好吃！

食材（**4餐份**）

豬腿肉片（或里肌肉片）
……8片（200g）
鹽・胡椒……各適量
蘆筍……8根
麵粉……1大匙
水……2大匙
麵包粉・炸油……各適量

----------- 變化版 -----------
使用市面上販售的豆渣粉代替麵包粉，含醣量低更多。

作法

1　在豬肉片上撒鹽和胡椒。將蘆筍根部的硬皮削除，對半橫切成兩段。麵粉和水均勻混合成麵糊。

2　將兩段蘆筍用一片豬肉捲起來。剩下的蘆筍也用同樣的方法捲成肉捲。完成後依序裹上麵糊和麵包粉。

3　在平底鍋中倒入約2公分深的炸油，加熱至170度後，將豬肉捲炸至酥脆即完成。

1 餐份
醣類
5.7g
210kcal

使用不乾柴的煮法，製作成適合帶便當的料理

味噌豬肉

冷藏2～3日　冷凍2週　　微波加熱

POINT▶製作醬汁時減少砂糖的用量，以味噌帶出豬肉的美味。使用接近沸騰的熱水來涮肉，並且不浸泡冷水。這樣一來肉就不會變硬，也不會乾柴。

食材（**4餐份**）

豬肉片（火鍋用）……400g
荷蘭豆……4個
A 味噌……2大匙
　 醋……1大匙
　 砂糖・芝麻油
　 ……各½大匙
　 薑末……½小匙
　 白芝麻……1大匙

----------- 變化版 -----------
也可以直接將煮熟的肉片及蔬菜裝入便當中，要吃的時候再淋上和風醬汁。

作法

1　將荷蘭豆去粗筋，放入沸水中汆燙至熟後取出。

2　在同一鍋水中倒入適量料理酒（分量外）加熱，在水快沸騰時，將數片豬肉分散放入熱水中，燙至變色就撈起來放在紙巾上冷卻，將水分吸乾。

3　將**A**醬汁放入碗中拌勻後，加入荷蘭豆與豬肉片充分攪拌，直接放冷即完成。

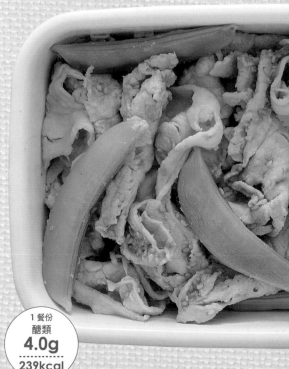

1 餐份
醣類
4.0g
239kcal

35

用豬肉片把青椒捲起來，增加口感的變化

微辣青椒肉捲

| 冷藏2～3日　冷凍2週 | 微波加熱 |

POINT ▶ 將青椒用豬肉捲起來吃更有嚼勁，咀嚼次數增加，滿足感也增加。用咖哩粉加上伍斯特醬讓風味更有層次。

食材（4餐份）

豬里肌肉片
……12片（250～300g）
青椒
……3顆（去蒂、籽縱切成4片）
A｜伍斯特醬……1大匙
　｜醬油……½大匙
　｜咖哩粉……1小匙
沙拉油……½大匙

---------- 變化版 ----------
除了青椒之外，也推薦低醣又富含膳食纖維的杏鮑菇，飽足感十足。

作法

1 每片青椒都用一片豬肉捲起來，用手確實將肉片與青椒固定住。

2 平底鍋中倒入沙拉油熱鍋後，將豬肉捲接合處朝下，放入鍋中。煎到接合處固定後，滾動肉捲讓整體煎到上色，再加入**A**醬汁，把肉捲滾一滾沾覆醬汁，煮到稍微收乾即可熄火。

1 餐份
醣類
2.4g
210kcal

將肉的水分擦乾，再裹上一層薄麵粉

蛋香起司豬

| 冷藏2～3日　不能冷凍 |

POINT ▶ 將製作麵衣用的麵粉減到最少量。重複煎、裹上起司粉蛋液的動作，讓口味層次更豐富。

食材（4餐份）

豬肉片……300g
鹽・胡椒……各少許
麵粉……2小匙
A｜蛋……2個（打散拌勻）
　｜起司粉……2大匙
　｜巴西里碎……1大匙
橄欖油……1大匙

---------- 變化版 ----------
也可以省略A的起司粉，改成在豬肉間夾入披薩用起司或青紫蘇葉。

作法

1 先用紙巾將豬肉的水分稍微吸乾後對折，撒上鹽與胡椒，裹上麵粉。

2 將**A**放入碗中攪拌均勻。

3 平底鍋中倒入橄欖油熱鍋後，將豬肉片放入蛋液中沾裹，放入鍋中煎到兩面金黃，接著再次沾裹蛋液後入鍋，重複這兩個動作至蛋液用完。

1 餐份
醣類
1.4g
223kcal

用微波爐加熱就能完成的烤肉風味餐

醬油蒸豬肩肉

冷藏2～3日　冷凍2週　　微波加熱

POINT▶加入少量蜂蜜提味後加熱，保存前再均勻淋上帶有薑辣味的醬汁。含醣量比市售的燒肉低很多。

食材（4餐份）

豬肩肉……350g
鹽・胡椒……各少許
A | 蜂蜜……½小匙
　 | 醬油……1小匙
　 | 醋・料理酒……各1小匙
荷蘭豆……適量
小番茄……4個（去蒂）
B | 薑……½片（切絲）
　 | 醬油……1大匙
　 | 芝麻油……½大匙
　 | 檸檬汁……½大匙
　 | 豆瓣醬……¼小匙

----------- 變化版 -----------
也可以加入黑醋與砂糖代替豆瓣醬與檸檬汁，做成鹹甜版的醬汁。

作法

1 先將荷蘭豆去粗筋後汆燙至熟備用。
2 將豬肩肉放在廚房紙巾上，撒上鹽和胡椒，接著依序淋上A。將廚房紙巾兩端捲起來固定住。
3 將2放到盤子上，封好保鮮膜後，微波加熱8～10分鐘。取出後用竹籤戳刺，如果流出透明湯汁，就可以靜置10分鐘後再切成薄片。
4 在保存容器中放入豬肩肉片及荷蘭豆與小番茄後，淋上拌勻的B醬汁即完成。

1餐份
醣類
2.8g
227kcal

將飽含美妙鮮味的粗鹽搓揉進豬肉當中

豬肉鹽炒蕪菁

冷藏2～3日　冷凍2週　　微波加熱

POINT▶鹽可以讓油脂多的豬肉變得清爽。使用鮮味濃厚的粗鹽，加上醋的酸度，調和出富有層次的美妙滋味。

食材（4餐份）

豬腿或里肌肉片
……300g（切成適口大小）
蕪菁（帶葉）……2個
A | 粗鹽……½小匙
　 | 味醂・料理酒……各2小匙
　 | 醋……1小匙
　 | 薑……1片（切薑末）
　 | 胡椒……少許
芝麻油……2小匙

作法

1 將A與豬肉放入塑膠袋中，輕輕搓揉使其入味。將蕪菁的根與葉子分開，蕪菁切片成半月形，2～3根蕪菁葉切成約2公分長。
2 將芝麻油倒入平底鍋中熱鍋後，放入所有材料翻炒即完成。

----------- 變化版 -----------
也可以使用現成的高湯＋胡椒，代替A醬汁來進行調味。

1餐份
醣類
2.8g
174kcal

豬肉

豬肉片熟的速度很快，豐富的變化度，也能讓便當的分量感大幅增加。
選擇低脂部位，或是烹調時先去除多餘油脂，就不用擔心卡路里。

烹調6分鐘

鹽昆布炒豬肉

糖類 **2.4g**
238kcal

鹽昆布是縮短料理時間的強力好夥伴。把昆
布的鮮味融入到豬肉中，輕鬆做出富含層次
的美味料理。

食材（1人份）

豬肉片……100g
蔥……¼根（斜切）
鹽昆布……½大匙
A│薑末……⅓小匙
 │料理酒……½大匙
醬油……少許
芝麻油……1小匙

作法

1 將豬肉用**A**輕輕搓揉入味。
2 平底鍋中倒入芝麻油熱鍋，
 放入**1**和蔥翻炒至變色後，
 加入鹽昆布拌炒到熟，再加
 入醬油調味即完成。

簡易版青椒肉絲

糖類 **6.0g**
337kcal

用微波爐輕鬆就能做出來，只需要少量的
太白粉及油，醣和卡路里都大幅降低。

食材（1人份）

豬里肌肉片……100g
青椒……2顆（去蒂及籽）
太白粉……½小匙
A│醬油……½小匙
 │蠔油……1小匙
 │芝麻油·料理酒
 │……各1小匙
 │砂糖……1小撮
 │薑末……少許

作法

1 豬里肌肉片與青椒切絲。
2 將切好的豬肉絲放在盤上，
 裹好太白粉後，均勻抹一層
 A醬汁。接著放上青椒，蓋
 上保鮮膜，微波加熱2分30
 秒即完成。

烹調5分鐘

烹調6分鐘

柚子胡椒
杏鮑菇炒肉

糖類 **2.4g**
240kcal

含醣量低的柚子胡椒成為整道料理的亮點。
加入充滿嚼勁的杏鮑菇，即使肉量不多也能吃得滿足。

食材（1人份）

豬肉片……100g
杏鮑菇……1根
A│醬油……1小匙
 │料理酒……½小匙
 │柚子胡椒……¼～½小匙
蔥……1根（切蔥花）
橄欖油……1小匙

作法

1 杏鮑菇切掉根部後，先縱切
 一半再切片。
2 平底鍋中倒入橄欖油熱鍋
 後，放入豬肉與杏鮑菇片拌
 炒至變色後，加入**A**醬汁均
 勻翻炒到熟。最後撒上蔥花
 即可。

烹調8分鐘

紫蘇胡椒豬肉捲

用含醣低的青紫蘇葉捲成豬肉捲串燒，也可以加酸梅肉或柚子胡椒一起捲，口感更豐富。

醣類
0.2g
283kcal

食材（1人份）

豬里肌肉片……4片（100g）
青紫蘇葉……4片（縱切一半）
鹽・粗黑胡椒粉……各少許
沙拉油……½小匙
竹籤……2支

作法

1. 每片豬肉放2片切半的青紫蘇葉後捲起來。完成後切成2～3等分，將切口處朝上，用手壓平後，撒上鹽和粗黑胡椒粉。
2. 平底鍋中倒入沙拉油熱鍋後，放入豬肉捲將兩面煎熟。放涼後用竹籤將肉捲串起來。

中華風涮豬肉

豬肉汆燙之後不要泡冷水，肉質就能保持柔軟不乾柴。淋上醬汁後再裝入便當中。

醣類
3.5g
244kcal

烹調8分鐘

食材（1人份）

豬肉片（火鍋用）……100g
綠色花椰菜……4小朵
A｜醬油……2小匙
　｜醋……1小匙
　｜芝麻油……½小匙
　｜砂糖……⅓小匙
　｜薑末……1小匙
　｜蔥碎……½大匙
白芝麻……適量

作法

1. 取一鍋水煮滾，將花椰菜煮軟後撈起再放入冷開水中。
2. 鍋中加入適量的料理酒（分量外），開火加熱至快要沸騰時，將豬肉片放入鍋內汆燙，一變色立刻撈起，在廚房紙巾上放涼，吸乾水分。
3. 在碗中放入**A**醬料拌勻後，將**1**與**2**放入醬汁中沾裹，再瀝乾醬汁，撒上白芝麻。

烹調10分鐘

堅果豬排

柔軟的里肌肉與芥末醬是絕配。
堅果的香氣和酥脆，讓口感更為豐富。

醣類
2.3g
227kcal

食材（1人份）

豬里肌肉……100g
鹽……少許
芥末籽醬……½大匙
綜合堅果……5粒（切碎）
橄欖油……1小匙

作法

1. 將豬里肌肉切成1.5公分厚。鋪一層錫箔紙在烤網上，擺上切好的豬肉後，撒鹽、抹上少許芥末籽醬，再淋上橄欖油。
2. 用大火烤8分鐘左右後撒上堅果，再烤30秒～1分鐘。

牛肉

低醣又美味的牛肉，不需要太多調味醬汁就能做出好吃的風味。將牛肉片與牛肉絲做成常備菜，提升便當的滿足感。

1 餐份
醣類
1.8g
204kcal

加入薑汁的清爽風味醬汁
秋葵牛肉捲

冷藏2～3日　冷凍2週　｜微波加熱｜

食材（**4餐份**）

牛腿肉片……300g
秋葵……8根（去蒂）

A｜醬油・料理酒
　……各4小匙
　薑末……2小匙
　粗黑胡椒粉……少許

沙拉油……½大匙

作法

1 將秋葵包入牛肉片中，用手將牛肉與秋葵捏緊實。

2 平底鍋中倒入沙拉油熱鍋，將接合處朝下放入鍋中，煎至固定之後翻面，蓋上鍋蓋，用中小火一邊搖動鍋子一邊慢煎到均勻上色，再加入**A**醬汁後煮至收汁。

1 餐份
醣類
6.1g
233kcal

使用香辣的調味醬料提升風味
墨西哥風味炒牛肉

冷藏3日　冷凍2週　｜微波加熱｜

食材（**4餐份**）

牛肉絲……300g
洋蔥……1顆（切條）

A｜青椒……1顆
　（切成適口大小）
　水煮番茄罐頭……¼罐
　（100g，切塊）
　辣椒粉……約1大匙
　魚露……2小匙
　蠔油……2小匙

橄欖油……½大匙

作法

1 平底鍋中倒入橄欖油熱鍋後，放入切好的洋蔥翻炒至變透明後，放入牛肉絲拌炒。

2 炒至牛肉絲變色後，加入**A**，煮至醬料完全被吸收為止。試試看味道，若不夠濃，再加入少許鹽（分量外）調味。

1 餐份
醣類
3.4g
259kcal

不需要甜度，靠黑醋就能提升風味層次
黑醋芥末炒牛肉絲

冷藏2～3日　冷凍2週　｜微波加熱｜

食材（**4餐份**）

牛肉絲……350g
蔥……1根（切斜段）
蘆筍……4～6根

A｜醬油・黑醋……各4小匙
　芥末籽醬……4小匙
　芝麻油……1小匙

沙拉油……½大匙

作法

1 先將蘆筍根部的硬皮削除後，對半切（如果體型比較粗就切3～4等分）。

2 平底鍋中倒入沙拉油熱鍋後，放入蔥、蘆筍和牛肉，拌炒至牛肉變色後，加入**A**醬汁，炒到熟透即可。

放入大量的豐富蔬菜增添口感

韓式燒肉

冷藏2～3日　冷凍2週　微波加熱

食材（**4餐份**）

牛腿肉絲……300g
蔥……1根（斜切段）
香菇……4朵（去蒂後切片）
紅甜椒……½顆（切絲）
A｜薑……1片（切薑末）
　｜醬油……1½大匙
　｜料理酒・砂糖……各4小匙
　｜芝麻油……1大匙
白芝麻……少許

作法

1 將牛肉絲浸泡在攪拌均勻的**A**醬汁中，靜置入味。

2 將牛肉絲、蔥、切好的香菇與紅甜椒放入平底鍋中炒到熟透、收汁。最後撒上白芝麻即可。

1 餐份
醣類
6.4g
286kcal

減少砂糖用量，維持剛剛好的鹹甜度

牛肉時雨煮

冷藏3日　冷凍2週　微波加熱

食材（**4餐份**）

牛肉片……300g
薑……1大片（切絲）
A｜料理酒……4大匙
　｜砂糖……1½大匙
醬油……2大匙

作法

1 將牛肉片、薑絲與拌勻的**A**醬汁放入鍋中加熱。

2 牛肉變色之後，加入醬油，繼續煮至慢慢收汁即完成。

1 餐份
醣類
5.5g
231kcal

使用壓力鍋，輕輕鬆鬆讓肉質更鬆軟

味噌蘿蔔燉牛肉

冷藏4日　冷凍2週　微波加熱

食材（**4餐份**）

牛腱肉……400g
A｜鹽・胡椒……各少許
白蘿蔔……⅙根（切塊）
薑……1片（切絲）
B｜日式高湯……1杯
　｜料理酒……2大匙
　｜砂糖……1大匙
　｜味醂……½大匙
味噌……1½大匙
沙拉油……½大匙

作法

1 將牛肉腱切成一口食用的大塊狀，撒上**A**。

2 壓力鍋中倒入沙拉油熱鍋，將**1**放入鍋中煎至變色後，放入白蘿蔔、薑絲炒至油亮，再加入**B**醬汁。蓋上鍋蓋加壓10分鐘後關火。待壓力下降後，掀起鍋蓋，放入味噌溶解，持續煮至收汁即可。

1 餐份
醣類
6.1g
214kcal

牛肉

容易煮熟的牛肉絲或牛肉片，是早晨沒時間時的主菜理想食材。
添加香氣較濃的蔬菜來豐富口味、去腥，讓料理的美味再升級。

蔥爆牛肉

醣類 **1.4g** 244kcal

清爽簡單，襯出牛肉的美味。
調味用的大蒜可以按照個人喜好加減。

食材（1人份）

牛肉絲……100g
A｜蒜末……少許
　｜蔥……¼根（切蔥花）
　｜雞湯粉……¼小匙
　｜鹽……1小撮
　｜料理酒‧芝麻油
　｜……各1小匙

作法

1 牛肉絲放入拌勻的 **A** 醬汁中，輕輕按壓使其入味。
2 平底鍋熱鍋後放入牛肉絲，攤開牛肉後，稍微翻炒至變色即完成。

烹調5分鐘

牛肉金針菇玉子燒

醣類 **4.1g** 257kcal

放入蕈菇增加口感，滿足度再提升。
用加了牛肉的玉子燒當主菜，迅速做出便當！

食材（1人份）

牛肉絲……50g
金針菇……½小袋（40g）
（切掉根部後切成3等分）
蔥……1根（切蔥花）
蛋……1顆（打散）
A｜砂糖……½小匙
　｜料理酒‧醬油
　｜……各1小匙
沙拉油……1小匙

作法

1 牛肉絲放入拌勻的 **A** 醬汁中，輕輕按壓使其入味。
2 平底鍋中倒入沙拉油熱鍋後，放入牛肉絲、金針菇、蔥花翻炒至牛肉變色。接著將打散的蛋倒入鍋中，整理成圓形後，蓋上鍋蓋，煎至定型後翻面，待兩面熟透後起鍋，切成容易食用的大小。

烹調7分鐘

烹調6分鐘

辣味噌牛肉炒高麗菜

醣類 **4.7g** 242kcal

用微波加熱後燜熟的高麗菜，
加上牛肉絲做出美味的佳餚。

食材（1人份）

牛肉……100g
高麗菜……2小片葉子（70g）
A｜味噌……1小匙
　｜醋……½小匙
　｜砂糖‧醬油……各¼小匙
　｜辣油……適量

作法

1 將牛肉與高麗菜切成容易食用的大小。
2 將切好的高麗菜與牛肉依序放入可微波容器內，蓋上保鮮膜，微波加熱2分30秒後靜置30秒，取出後將水分完全瀝乾，再加入A拌勻即完成。

烹調8分鐘

泰式涼拌牛肉

不加糖，改用魚露和檸檬的醬汁，
和牛肉非常對味。

醣類
3.1g
249kcal

食材（1人份）
牛肉片（火鍋用）……100g
紫洋蔥……⅙顆（切絲）
A│魚露……1小匙
　│檸檬汁……1小匙
　│橄欖油……1小匙
檸檬片……½片

作法
1 煮一鍋熱水，在快沸騰時分
　次放入牛肉，涮到肉差不多
　變色時撈出，放在廚房紙巾
　上冷卻並吸乾水分。
2 紫洋蔥在水中浸泡一下後，
　取出用廚房紙巾吸乾水分。
3 將牛肉片與洋蔥絲放入裝有
　A醬汁的碗中，均勻沾上醬
　汁。最後，再放上檸檬片即
　完成。

牛排燒肉

加入少許紅酒提味，享受香氣四溢，
又吃得到食材原味的燒肉風牛排。

醣類
1.5g
287kcal

食材（1人份）
牛肉片（烤肉用）……100g
A│紅酒……½大匙
　│醬油……1小匙
　│蒜末……少許
粗黑胡椒粉……少許
蔥花……少許
橄欖油……1小匙

作法
1 平底鍋中倒入橄欖油熱鍋，
　放入牛肉片煎至兩面變色
　後，加入**A**醬汁，讓肉片均
　勻沾上醬汁，再撒上粗黑胡
　椒粉和蔥花即完成。

烹調5分鐘

蠔油番茄炒牛肉

小番茄的酸味，
幫整道料理增加了清爽感。

醣類
5.0g
256kcal

烹調6分鐘

食材（1人份）
牛肉片……100g
小番茄……3顆（對切一半）
薑碎……1小匙
蔥……7公分（斜切小段）
A│蠔油……1小匙
　│醬油……½小匙
沙拉油……1小匙

作法
1 先將牛肉片切成容易食用的
　大小。
2 將沙拉油及薑碎倒入平底鍋
　中爆香之後，放入牛肉和蔥
　拌炒至肉變色，再加入**A**醬
　汁與小番茄拌炒至收汁。

絞肉

絞肉的變化性和搭配度很高，適合活用於各式各樣的便當菜。
只要避免過量的高醣食材或調味料，就可以輕鬆控管醣分。

用豬×雞製作漢堡肉，不加麵包粉也鬆軟

漢堡排

冷藏2～3日　冷凍2週　　微波加熱

1餐份
醣類
4.7g
230kcal

食材（4餐份）

A｜豬絞肉‧雞絞肉……各150g
　｜洋蔥……½顆（切碎）
　｜雞蛋……1顆
　｜番茄醬……1大匙
　｜鹽……⅓小匙
　｜胡椒‧肉豆蔻……各少許
紅酒……1大匙
B｜番茄醬……1大匙
　｜伍斯特醬……½大匙
沙拉油……1大匙

作法

1 將A放入碗中攪拌混合後，分成8等分，捏成球狀。

2 平底鍋中倒入沙拉油熱鍋，將肉排擺入鍋中煎至微焦，翻面，略壓扁後蓋上鍋蓋，用小火燜煎6～7分鐘。

3 起鍋後用紙巾擦掉鍋中多餘的油脂，倒入紅酒後開火，等沸騰再加入B拌勻，最後放入肉排均勻沾附醬汁。

使用烏醋提味，讓味道更有層次

糖醋肉丸子

冷藏3日　冷凍2週　　微波加熱

1餐份
醣類
5.7g
205kcal

食材（4餐份）

A｜豬絞肉……400g
　｜洋蔥碎……4大匙
　｜雞蛋……1顆
　｜料理酒‧醬油……各2小匙
　｜鹽‧胡椒……各少許
　｜太白粉……4小匙
B｜醬油‧水……各1½大匙
　｜烏醋‧砂糖……各1½大匙
　｜太白粉……⅔小匙
炸油……適量

作法

1 將A放入碗中攪拌混合後，捏成一口大小的球狀。

2 平底鍋中倒入約2公分深的炸油，加熱至170度後，將肉丸子放入鍋中炸熟取出。

3 將B放入另一個鍋中攪拌均勻後，先加熱煮至稠狀，再加入2，使醬汁均勻沾上肉丸子即完成。

沒有用到燒賣皮，作法簡單又低醣！

毛豆燒賣

冷藏3日　冷凍2週　　微波加熱

1餐份
醣類
3.7g
199kcal

食材（4餐份）

A｜豬絞肉……400g
　｜薑汁……½大匙
　｜醬油‧料理酒……各1大匙
　｜砂糖……1小匙
　｜芝麻油‧鹽……各½小匙
　｜太白粉……2小匙
　｜胡椒……少許
洋蔥……½顆（切碎）
冷凍毛豆仁……100g

作法

1 將A放入碗中，攪拌混合，再將洋蔥碎加入一起拌勻後，放入15～18公分四方形的可微波容器內，用手將食材按壓均勻，不留空隙。

2 在表面撒上毛豆，用手指將毛豆押進絞肉中，維持表面平整。蓋上保鮮膜，微波加熱約10分鐘後，取出放涼，切成一口大小。

燜煎使雞肉丸更柔軟，減少麵粉用量

雞絞肉丸

冷藏3日　冷凍2週 ｜ 微波加熱

食材（4餐份）

A｜雞絞肉……350g
　｜蔥……½根（切碎）
　｜雞蛋……1顆
　｜薑末……½小匙
　｜料理酒……1大匙
　｜醬油……1小匙
　｜太白粉……½大匙
　｜鹽・胡椒……各少許
B｜醬油・料理酒……各1大匙
　｜味醂……1大匙
　｜砂糖……1小匙
沙拉油……½大匙

作法

1 將A放入碗中，攪拌混合。
2 平底鍋中倒入沙拉油熱鍋後，用湯匙每次取適量肉泥，捏成球狀放入鍋中，煎至金黃上色後翻面繼續煎，蓋上鍋蓋，用小火燜煎4分鐘左右。最後加入B醬汁，讓肉丸均勻沾附醬汁即可。

1餐份
醣類
5.1g
229kcal

使用油豆腐代替太白粉，美味再加乘！

海苔雞塊

冷藏3日　冷凍2週 ｜ 微波加熱

食材（4餐份）

A｜雞絞肉……300g
　｜油豆腐……100g（撕成小塊）
　｜料理酒・醬油……各1小匙
　｜美乃滋……1小匙
　｜鹽……⅕小匙
　｜胡椒……少許
　｜薑末……½小匙
海苔（1.5x10公分）……12片
炸油……適量

作法

1 將A放入碗中，一邊將油豆腐捏碎，一邊攪拌混合。手沾水後，捏成12等分的棒狀後，用海苔捲起。
2 平底鍋中倒入約2公分深的炸油，加熱至170度後，將海苔雞塊放入鍋中炸熟。

1餐份
醣類
0.3g
225kcal

建議使用油脂少的瘦絞肉

美式香腸

冷藏 3～4日　冷凍2週 ｜ 微波加熱

食材（4餐份）

A｜豬絞肉（瘦肉）……300g
　｜洋蔥……¼顆（切碎）
　｜牛奶……2大匙
　｜橄欖油……2小匙
　｜乾燥奧勒岡……少於1小匙
　｜鹽……¼小匙
　｜胡椒……少許
橄欖油……½大匙

作法

1 將A放入碗中攪拌混合後，捏成12等分的棒狀。
2 平底鍋中倒入橄欖油熱鍋後，將塑形好的絞肉並排放入鍋中，一邊翻滾一邊煎至表面微焦，再蓋上鍋蓋轉小火，燜煎至熟透為止。

1餐份
醣類
1.2g
214kcal

絞肉

以絞肉製成的肉丸料理，只需要用微波爐加熱就好，忙碌的早晨也能輕鬆完成。豬肉以瘦肉為主，雞肉則使用雞胸肉，才能有效抑制卡路里。

烹調7分鐘

日式青椒鑲肉

醣類
1.4g
217kcal

使用雞絞肉降低醣分與卡路里。
只需用微波爐加熱，比煎的更輕鬆。

食材（1人份）

A｜雞絞肉（雞胸）……100g
　｜魚露・料理酒
　｜……各½小匙
　｜蔥……1根（切蔥花）
青椒……1顆
（去蒂、籽縱切對半）

作法

1 將**A**攪拌混合後，用湯匙塞入青椒中間。

2 接著裝入可微波容器內，蓋上保鮮膜，微波加熱2分30秒後，直接靜置2分鐘。取出後放涼，再對切成一半即完成。

肉末炒茄子

醣類
3.1g
297kcal

利用體積大的茄子增加分量感。
簡單翻炒，就是一道散發誘人香氣的中華料理。

食材（1人份）

絞肉……100g
茄子……1小顆（切小塊）
大蒜……½小瓣（切碎）
薑碎……½小匙
青紫蘇葉……3片（切碎）
A｜蠔油・料理酒・醬油
　｜……各½小匙
芝麻油……少於1小匙

作法

1 平底鍋中倒入芝麻油、大蒜、生薑後，開火爆香，再放入絞肉與茄子炒熟。

2 加入**A**醬汁炒勻後，最後撒上青紫蘇葉拌勻即完成。

烹調7分鐘

雞肉捲

醣類
2.6g
221kcal

微波加熱即完成。
紅蘿蔔很適合用來點綴色彩，
杏鮑菇的口感跟嚼勁也大大加分。

烹調8分鐘

食材（1人份）

雞絞肉（雞胸）……100g
胡蘿蔔……1公分（切碎）
杏鮑菇……1根
（切成0.5公分大小塊狀）
鹽……少於¼小匙
胡椒……少許
橄欖油……½小匙

作法

1 將所有材料放入碗中攪拌混合後，用湯匙舀至攤開的保鮮膜上，捲成直徑10公分的圓柱，並將保鮮膜兩端扭起固定。

2 放入在可微波容器中，微波加熱2分30秒後，直接靜置2分鐘。取出放涼後，將保鮮膜取下，切成容易食用的大小。

烹調5分鐘

芝麻肉丸

使用微波爐加熱，卡路里比用油炸低很多。
散發香氣的芝麻麵衣，讓滿足感大提升。

醣類
5.1g
267kcal

食材（1人份）

A｜豬絞肉……100g
　｜蔥碎……2大匙
　｜薑末……1小匙
　｜料理酒、醬油
　｜……各½小匙
　｜砂糖・鹽……各1小撮
　｜太白粉……1小匙
白芝麻……適量

作法

1　將**A**放入碗中攪拌混合後，分成4等分，捏成球形，撒上白芝麻。
2　整齊排入可微波容器中。蓋上保鮮膜，微波加熱2分鐘即完成。

醬煎肉餅

使用鹹甜醬汁調味，
不額外添加醣分高的粉類。
將絞肉捏成形後，再拿去煎就大功告成！

醣類
4.3g
261kcal

食材（1人份）

豬絞肉……100g
荷蘭豆……2個（去筋）

A｜醬油……1小匙
　｜味醂……1小匙
　｜砂糖……¼小匙
　｜薑汁……½小匙

作法

1　將豬絞肉放入平底鍋中，用鍋鏟一邊壓一邊塑型成18公分的正方形。接著切成4等分後，開火慢煎。
2　煎至變色後翻面繼續煎，放入荷蘭豆，加入**A**醬料，讓豬絞肉和荷蘭豆均勻沾上醬汁即可。

烹調6分鐘

番茄絞肉

製作簡單，即使冷掉也很美味。
將絞肉捏成肉餅，放在便當中更容易享用。

醣類
4.9g
247kcal

食材（1人份）

雞絞肉（雞胸）……100g
荷蘭豆……2～3個

A｜番茄醬……1大匙
　｜鹽・胡椒……各少許
沙拉油……1小匙

作法

1　首先將荷蘭豆洗淨去粗筋，斜切成一半。
2　平底鍋中倒入沙拉油熱鍋，放入雞絞肉，一邊用鍋鏟壓平一邊煎。放入荷蘭豆，將雞絞肉分切成幾大塊後煎炒，熟透後，再加入**A**醬汁調味。

烹調6分鐘

47

加工肉品

培根、香腸和火腿凝聚了肉的鮮美，鹹度也恰到好處，
加入蔬菜一起煮，吸收食材的香氣後，簡單調味就好吃。

滿滿的菇類，豐富的膳食纖維！
法式厚切培根嫩菇

| 冷藏 3～4 日　冷凍2週 | 微波加熱 |

POINT▶使用燜煎的方式，讓食材釋放出本身的美味及肉汁。培根本身帶有鹹味，不需要再放多餘的調味料，不怕卡路里太高。

食材（4餐份）

厚切培根……70g
舞菇・杏鮑菇……各1盒
A │ 法式清湯粉……¾小匙
　 │ 水……½大匙
橄欖油……1小匙

----- 變化版 -----
也可以將A換成白酒1大匙與適量香草鹽，做出不同的風味。

作法

1 將培根切成容易食用的大小。舞菇剝散，杏鮑菇先對切後再縱切成薄片。

2 平底鍋中倒入橄欖油熱鍋，放入培根、舞菇、杏鮑菇不斷翻炒至油亮後，加入**A**，蓋上蓋子轉小火燜煎約1分鐘。掀蓋，將湯汁瀝乾，並試試味道，鹹度不夠再加少許鹽（分量外）調味。

1 餐份
醣類
1.1g
─────
90kcal

不加一滴油，大大降低一餐的總熱量
香腸炒綠花椰菜

| 冷藏2～3日　冷凍2週 | 微波加熱 |

POINT▶綠色花椰菜不用汆燙，直接加入香腸的肉鮮與鹹味就很好吃。醣量也比加進大量番茄醬後更低。

食材（4餐份）

香腸……8條
綠色花椰菜……1朵
水……½杯
鹽・胡椒……各少許

----- 變化版 -----
再加少許醬油下去增加香氣，也更能夠達到提味效果。

作法

1 將香腸斜切成一半。綠色花椰菜分小朵。

2 放入平底鍋中，加水煮沸後，蓋上鍋蓋，轉中小火燜煎3分鐘。

3 掀開鍋蓋，瀝掉水分，加入鹽和胡椒調味。

1 餐份
醣類
1.5g
─────
141kcal

充滿西班牙風味的番茄生火腿燉時蔬
番茄甜椒炒火腿

冷藏 3～4 日　冷凍2週　　微波加熱

POINT▶ 生火腿和番茄本身就很濃郁，再加上甜椒與洋蔥的甜，不需要太多調味也很好吃。

食材（**4餐份**）

生火腿……30～40g
青椒……2顆（去蒂、籽）
黃甜椒……½顆（去蒂、籽）
洋蔥……¼顆
大蒜……½瓣（切碎）
白酒……1大匙
A｜番茄罐頭（整顆・壓爛）
　｜……½罐（200g）
　｜月桂葉……1片
鹽・胡椒……各少許
一味辣椒粉……少許
橄欖油……½大匙

作法

1　生火腿、青椒、甜椒與洋蔥切成3公分塊狀。
2　鍋中倒入橄欖油、放入大蒜，以小火爆香後加入食材，轉中火翻炒至油亮。
3　加入白酒與 **A**。蓋上鍋蓋轉小火燉15分鐘後，取下鍋蓋，瀝乾湯汁，加入鹽與胡椒調味，最後撒上一味辣椒粉拌勻即可。

------------ 變化版 ------------
生火腿換成香腸或培根，也別有一番風味。

1 餐份
醣類
4.1g
62kcal

高麗菜炒過後釋放出誘人的甜度
橘醋醬香腸炒高麗菜

冷藏2～3日　不可冷凍

POINT▶ 建議使用味道濃郁的粗絞肉香腸來製作。高麗菜吸收了肉汁，再用微量的橘醋醬提味，滋味更豐富。

食材（**4餐份**）

粗絞肉香腸……3條
高麗菜……⅙大顆
橘醋醬……1大匙
橄欖油……1小匙

------------ 變化版 ------------
若使用比較短的香腸，也可以增加到6條。

作法

1　將粗絞肉香腸斜切片，高麗菜切成一口大小。
2　將橄欖油倒入鍋中熱鍋，放入香腸、高麗菜拌炒。
3　炒至整體油亮後，倒入橘醋醬，轉中大火，炒至高麗菜變軟即可。

1 餐份
醣類
3.1g
120kcal

加工肉品

加工肉品容易保存，適合當常備食材。由於加工時已經過加熱處理，烹調時間短，迅速就能完成一道菜。

海苔捲香腸

把海苔捲到香腸上煎一煎就好，來自大海的鹹度和鮮味，不需要其他調味料也很好吃。

醣類
1.9g
195kcal

食材（1人份）

香腸……3條
海苔……適量

------ 變化版 ------
不捲海苔，改用1小匙番茄醬與少許咖哩粉拌成西式風味的醬料，直接用煎好的香腸沾著吃。

作法

1 海苔剪成長方形後，捲到香腸上，在接合處稍微沾點水（或用牙籤）固定。

2 不加油直接熱鍋，將香腸放入鍋中，一邊滾動一邊煎到每一面都熟透即可。

烹調4分鐘

拿坡里香腸炒金針菇

使用膳食纖維豐富且具有嚼勁的金針菇代替義大利麵，增加便當的飽足感。

醣類
7.0g
181kcal

食材（1人份）

香腸……2條
金針菇……1小把
青椒……1顆（去蒂、籽後切絲）
A｜番茄醬……½大匙
　｜鹽・胡椒……各少許
橄欖油……½小匙

作法

1 香腸切成1公分塊狀。金針菇根部切除後，對切成半。

2 將橄欖油倒入鍋中熱鍋，放入香腸、金針菇和青椒拌炒至熟透後，加入**A**調味。

烹調5分鐘

培根蘆筍捲

培根的鮮味完全被吸收到蘆筍中，而且放進烤箱就完成，省時又省事！

醣類
1.0g
169kcal

食材（1人份）

培根……2片
蘆筍……2支

------ 變化版 ------
也可以將這些食材放入平底鍋中煎炒。蘆筍改成金針菇或杏鮑菇也很美味。

作法

1 削除蘆筍根部的硬皮後，切成3段，再用培根捲起來，以水沾濕或用牙籤固定。

2 烤箱預熱。將鋁箔紙鋪在烤箱中，放上培根蘆筍捲後，以170℃烤8分鐘至表面微焦即可。

烹調10分鐘

烹調5分鐘

咖哩培根炒蘿蔔

醣類
4.3g
212kcal

可以自由替換成其他容易熟的蔬菜。
吸飽了培根肉汁的蘿蔔,清爽又美味。

食材(1人份)
培根……2片
白蘿蔔……1.5公分
(切扇形片)
紅甜椒……⅛顆
A|咖哩粉……少許
 |醬油……½小匙
 |味醂……½小匙
沙拉油……½小匙

作法
1 培根切成容易食用的大小。
 甜椒切成與白蘿蔔相似大小
 後備用。
2 平底鍋中倒入沙拉油熱鍋,
 放入培根、甜椒與白蘿蔔拌
 炒熟,再加入**A**醬汁拌勻。

火腿排

醣類
1.2g
159kcal

火腿比生肉更快熟,而且不用調味也很好吃。
也可以依喜好沾芥末籽醬等調味料。

食材(1人份)
厚切火腿……2片
芥末籽醬……適量
沙拉油……少許

---------- 變化版 ----------
也可以抹一層薄薄的麵粉,沾上蛋
液之後煎,做成蛋煎火腿排。

作法
1 鍋中倒沙拉油熱鍋,放入厚
 切火腿,煎到兩面熟透且油
 脂出來後,轉大火煎至表面
 金黃。取出後,切成容易食
 用的大小,附上芥末籽醬即
 完成。

烹調4分鐘

烹調5分鐘

火腿片歐姆蛋

醣類
0.5g
154kcal

將蛋放在火腿片上對折,做出厚厚的歐姆蛋
風味。漂亮的粉紅色彩,也可以讓便當看起
來更繽紛。

食材(1人份)
火腿片……2片
A|蛋……1顆(打散成蛋液)
 |美乃滋……1小匙
沙拉油……少許

---------- 變化版 ----------
也可以在蛋液中加入披薩用起司或
巴西里,讓整體的味道層次更豐富。

作法
1 將**A**攪拌均勻。
2 鍋中倒入沙拉油熱鍋後,放
 入火腿片稍微煎一下。在火
 腿片上倒入蛋液,將流向周
 圍的蛋液集中到火腿上。
3 將火腿對折,一邊把擠出來
 的蛋壓回去火腿中間,一邊
 整理形狀。翻面後轉小火,
 煎到熟透即可。

常備菜

可以變化成各種料理
炒雞絞肉

除了撒在白飯上，也可以搭配蔬菜或雞蛋變化出各種不同的料理。利用冷凍保存做成常備菜，製作快速料理時就會很方便。

食材（4餐份）

雞絞肉……250g
醬油・料理酒・砂糖……各1½大匙
薑末……½小匙

作法

1 將所有食材放進平底鍋中，用4～5根筷子一起攪拌，將絞肉均勻弄散。

2 開火，用筷子一邊攪拌一邊炒，加熱至絞肉粒粒分明，完全收汁為止。

\ 降低甜度後鮮味更濃厚！/

冷藏4日　冷凍3週

1餐份
醣類
4.2g
141kcal

※若要冷凍保存，建議將炒雞絞肉分成4等分，先用保鮮膜緊緊包到完全隔絕空氣的程度後，再放入保鮮袋中，這樣不容易腐壞，而且方便取用。

10分鐘料理　變化版食譜

醣類
2.4g
166kcal

烹調7分鐘

醣類
6.9g
178kcal

烹調7分鐘

醣類
4.5g
141kcal

烹調5分鐘

不用調味而且分量十足
親子厚蛋燒

食材（2人份）

炒雞絞肉※……1餐份
雞蛋……2顆
料理酒……½大匙
沙拉油……適量

作法

1 在碗中將雞蛋打散成蛋液，再加入炒雞絞肉和料理酒攪拌均勻。

2 將沙拉油倒入玉子燒煎鍋中熱鍋，把蛋液分成3次倒入鍋中，一邊捲一邊煎熟。

※冷凍保存須先用微波爐加熱40～50秒解凍後再使用。烹調時間不包含將炒雞絞肉解凍的時間。

微波加熱就好！油脂少製作簡單
麻婆茄子

食材（1人份）

炒雞絞肉※……1餐份
茄子……1根（切滾刀塊）
鹽……少許
芝麻油……½小匙
A｜ 豆瓣醬・味噌・太白粉
　 ……各¼小匙
　 水……1小匙

作法

1 茄子用鹽搓揉後靜置，瀝乾水分。

2 放入可微波容器中，加芝麻油拌勻，再放入A與炒雞絞肉拌勻。

3 蓋上保鮮膜，放入微波爐中加熱2分30秒～3分鐘。取下保鮮膜，再次攪拌均勻之後，直接靜置放涼。

不用調味即可輕鬆完成
雞絞肉炒小松菜

食材（1人份）

炒雞絞肉※……1餐份
小松菜……1把
橄欖油……½小匙

作法

1 將小松菜切成3公分長段，梗和葉子分開備用。

2 將橄欖油倒入平底鍋中熱鍋，先放入菜梗翻炒後，再放入葉菜部分，炒熟後加入炒雞絞肉一起拌炒即完成。

part 2

常備菜 ＆ 10分鐘料理

海鮮料理

海鮮不論含醣量或卡路里都很低，是減肥便當的強力好夥伴。雖然鯖魚及鰤魚的油脂偏高，但都是可以積極攝取的好油脂。不喜歡處理海鮮的人，也推薦能夠直接使用的海鮮罐頭，非常方便。

加入少量鹹甜醬汁，再用清爽系配菜提味
照燒鮕魚便當

醣類
49.2g
522kcal

鮕魚富含優良的油脂，很適合做成減醣版的照燒口味。
搭配酸梅和海帶的配菜，每一口都能品嘗到不同的變化。

雜糧飯（120g）
粒粒分明的雜糧飯口
感豐富。配菜的調味
不要太重，這樣飯量
減少也能有滿足感。

常備菜
梅香芝麻白蘿蔔沙拉
▶ P.126

10分鐘料理
海苔拌菠菜
▶ P.106

常備菜
照燒鮕魚
▶ P.65

減醣
POINT　製作照燒時，先將平底鍋內的油擦拭乾淨再倒入醬汁，如此一來，不需要太多醬汁魚肉也很有味
道。副菜中的酸梅和海苔有增添風味的作用，可以減少調味。

海鮮便當 2

以健康又美味的鮭魚和青菜來妝點便當！

醬烤鮭魚與甜椒便當

醣類
52.5g
560kcal

鮭魚醣量少，富含蝦青素等抗氧化成分，與甜椒一起醃漬成酸甜口味後，
再搭配蘆筍與海帶配菜，非常對味。

常備菜
魩仔魚海帶芽歐姆蛋
P.136

白飯（120g）

在白飯上撒少許黑芝麻，
既不會增加鹽分，也有增
添色彩的作用。

常備菜
醬烤鮭魚與甜椒
P.61

10分鐘料理
柴魚拌蘆筍
P.109

**減醣
POINT**　甜椒跟鮭魚一起醃漬，增加飽足感。糖醋口味的醣量較高，選擇含有豐富膳食纖維的海帶芽當配
菜，有助於抑制腸道吸收醣類，讓血糖值穩定。

放入異國風味的蝦料理，活用食材本身的香氣及味道

羅勒炒蝦仁便當

醣類
42.1g
565kcal

低醣、低脂的蝦仁簡單以羅勒調味，帶出整體的味道。
再搭配富含抗氧化物質的山茼蒿與番茄，做成提升免疫力的健康便當。

10分鐘料理
羅勒炒蝦
▶ P.74

白飯（100g）
主菜的蝦仁不論醣類
或卡路里都不高。也
不用擔心白飯的醣類
超過攝取量。

10分鐘料理
青醬山茼蒿
▶ P.111

10分鐘料理
番茄起司炒蛋
▶ P.118

減醣 POINT 以西洋芹或羅勒等香料蔬菜，取代高醣醬料來幫蝦仁調味，香氣更誘人。味道濃厚的起司炒蛋等配菜，也更能提升滿足感。

炸物選在能量消耗度高的中午享用，美味無負擔！

竹莢魚南蠻漬便當

醣類
54.1g
503kcal

裹粉炸過後醃漬的南蠻漬，含醣量會隨著麵衣和醃醬而不同。
帶有清爽酸度的味道，放在便當中享用也毫不遜色！

常備菜
油蒸綠花椰
▶ **P.100**

常備菜
甜椒芹菜炒魩仔魚
▶ **P.115**

白飯
（120g）
加上酸梅增添色
彩。先將南蠻漬
的湯汁完全瀝乾
再裝入便當盒。

常備菜
竹莢魚南蠻漬
▶ **P.68**

減醣
POINT 竹莢魚裹上麵粉後輕輕拍打表面，抖掉多餘的麵粉，除了減少醣分之外，還能防止竹莢魚吸收太
多炸油。減少醃醬的糖量，味道依然濃厚，醣類與卡路里卻少了很多。

57

用番茄和醋讓鯖魚變清爽，即使冷掉也很好吃！

西西里風
鴻喜菇烤鯖魚便當

鯖魚富含DHA以及EPA，能夠維持身體健康。使用連骨頭都能食用的
鯖魚罐頭補充鈣質，再搭配香氣四溢的配菜，營養滿分！

醣類
48.7g
545kcal

白飯（120g）
白飯加入大麥一
起煮，增加膳食
纖維。清爽的配
菜很適合搭配有
嚼勁的大麥飯。

常備菜
西西里風烤鴻喜菇鯖魚
▶ P.76

10分鐘料理
奶油乳酪咖哩金針菇
▶ P.132

10分鐘料理
蒜香花椰菜
▶ P.106

減醣 POINT 不需要高醣類的調味料，而是以醋或番茄的酸味，將油脂含量高的鯖魚變清爽。使用現成的鯖魚
罐頭，簡單以烤箱烤過，就是西式風味的常備菜推薦菜單。

海鮮便當 6

用香料的力量，讓味道清淡的白肉魚更美味
香煎咖哩鱈魚便當

醣類
52.5g
500kcal

將味道清淡的鱈魚以咖哩粉調味後，烤得香酥脆嫩。配菜也以香氣濃厚的快炒類或有酸味的漬物來做搭配，讓味道更多元，怎麼吃都不膩。

常備菜
蠔油炒茄子
▶P.117

常備菜
醋漬紫洋蔥
▶P.117

10分鐘料理
香煎咖哩鱈魚
▶P.63

白飯（120g）
將青海苔撒在白飯上，不會增加醣分或鹽分，又能豐富便當色彩。

減醣 POINT　將鱈魚抹上咖哩粉後，煎至酥脆香嫩。高醣的麵衣越薄越好，調味料也以香料、鹽和胡椒為主，做出美味又低醣的異國風味。

鮭魚・鱈魚

購買已經分切好的魚片，製作常備菜非常方便。搭配青菜或雞蛋烹調，也能製作出有分量的便當菜。

1 餐份
醣類
1.6g
159kcal

使用味道獨特的魚露增添風味

青椒鮭魚

冷藏3日　冷凍2週　　微波加熱

食材（4餐份）

鮭魚輪切片
……2片（切成一口大小）
青椒……3顆（切成一口大小）
鹽・胡椒・麵粉……各少許
A｜蠔油……2小匙
　｜料理酒……2小匙
　｜魚露……½小匙
　｜薑末……少許
沙拉油……½大匙

作法

1 用紙巾擦乾鮭魚上的水分，撒上鹽和胡椒，抹上麵粉。

2 平底鍋中倒入沙拉油熱鍋，放入鮭魚煎至金黃後，翻面繼續煎，並放入青椒拌炒。

3 熟透後，用紙巾擦去鍋中多餘的油脂，再加入拌勻的A醬汁，讓魚肉充分沾裹醬汁即可。

1 餐份
醣類
1.0g
137kcal

不另外加糖，減少醣類攝取量

海苔鮭魚捲

冷藏3日　冷凍2週　　微波加熱

食材（4餐份）

鮭魚輪切片……2片（去皮）
海苔片……適量
（剪成2x10公分）
A｜醬油……1大匙
　｜料理酒……½大匙
　｜薑汁……½大匙
　｜鹽……少許

作法

1 將一片鮭魚切成4～6等分塊狀，用紙巾擦乾水分後，放入A中醃漬15分鐘。

2 瀝乾醬汁，將每一塊鮭魚捲上一片海苔。

3 在烤盤上鋪錫箔紙，保留一定間隔排入鮭魚後，進烤箱烤6～7分鐘至熟。

1 餐份
醣類
6.0g
184kcal

與菇類一起炒，攝取膳食纖維

日式照燒鮭魚

冷藏3日　冷凍2週　　微波加熱

食材（4餐份）

鮭魚輪切片……2片
（切3～4等分）
舞菇……1盒（剝開）
麵粉……適量
A｜醬油・料理酒
　｜……各2大匙
　｜砂糖……1½大匙
　｜薑末……1大匙
沙拉油……½大匙

作法

1 用紙巾擦乾鮭魚上的水分後，抹上麵粉。

2 平底鍋中倒入沙拉油熱鍋，放入1慢煎到表面金黃後，翻面繼續煎，並放入舞菇拌炒。魚肉熟透後，用紙巾擦掉多餘的油脂，加入拌勻的A醬汁，讓魚肉均勻沾裹醬汁即可。

與蔬菜一起炒熟再醃漬即完成

醬烤鮭魚與甜椒

冷藏3日　冷凍2週　｜微波解凍，連醬汁一起加熱｜

食材（4餐份）

鮭魚輪切片……2片
甜椒……½顆（切小塊）
鹽・粗黑胡椒粉……各少許
A｜醬油・味醂……各2大匙
　｜醋……1大匙
　｜砂糖……1小匙
沙拉油……1小匙

作法

1　一片鮭魚切成4～6等分，用紙巾將水分擦乾後，撒上鹽和粗黑胡椒粉。將A放入保存容器中攪拌均勻。

2　平底鍋中倒入沙拉油熱鍋，放入鮭魚和甜椒拌炒。

3　炒熟後起鍋，放入拌勻的A醬料中醃漬20分鐘。

1 餐份
醣類
6.7g
247kcal

先以醬油調味再烹調，不需加入其他醬料

韓式蛋煎鱈魚

冷藏2～3日　不可冷凍

食材（4餐份）

鱈魚輪切片……1～2片
（去皮）
雞蛋……2顆（打散）
A｜鹽・胡椒……各少許
　｜醬油……½大匙
太白粉……2小匙
荷蘭豆……4個（去粗筋）
沙拉油……1大匙

作法

1　鱈魚切成寬約3公分的條狀，用紙巾擦乾水分後，依序撒上A。稍微靜置後瀝乾，再抹上太白粉，放入蛋液中均勻沾裹。

2　平底鍋中倒入沙拉油熱鍋，放入鱈魚和荷蘭豆煎炒。待鱈魚兩面煎熟後，再度將鱈魚放入蛋液中沾裹，再放入平底鍋中煎。重複沾裹蛋液和煎的步驟，直到蛋液用完為止。荷蘭豆炒熟後立刻取出裝盤。

1 餐份
醣類
2.2g
138kcal

減少奶油及麵粉用量，健康無負擔

奶油菠菜燉鱈魚

冷藏2～3日　冷凍2週　｜微波解凍，再用鍋子加熱｜

食材（4餐份）

鱈魚輪切片……1片
（用鹽醃漬）
洋蔥……¼顆（切薄片）
菠菜……½把
（煮過後切成一口大小）
麵粉……適量
奶油……1大匙
水……½杯
牛奶……1杯
沙拉油……½大匙

作法

1　鱈魚切成一口大小後，用紙巾擦乾水分，抹上麵粉。

2　平底鍋中倒入沙拉油熱鍋，放入鱈魚煎熟，待兩面煎至金黃色時取出。

3　將平底鍋洗淨後熱鍋，放入奶油融化，再加洋蔥炒至油亮，並加入1大匙麵粉拌炒均勻。依序慢慢倒入水和牛奶，一邊攪拌均勻。

4　將鱈魚放回鍋中煮軟。加入菠菜一起煮至能用鍋鏟舀起的濃度。試吃看看，若鹹度不夠再加少許鹽（分量外）調味。

1 餐份
醣類
5.8g
150kcal

鮭魚・鱈魚

用微波爐或烤箱就能完成的速攻料理。
簡單調味，也可以是低醣的美味料理。

烹調7分鐘

檸檬醬燒鮭魚

醣類 **1.1g**
197kcal

用檸檬、月桂葉及醬油調味，
去除鮭魚的腥味。

食材（1人份）

鮭魚輪切片……½片
（去皮切3～4等分）
月桂葉……1片
A 醬油……1小匙
　料理酒・檸檬汁
　……各½小匙
芝麻油……1小匙

作法

1 將芝麻油倒入平底鍋中熱鍋，
放入用紙巾擦乾水分後的鮭魚
以及月桂葉香煎。待月桂葉表
面微焦時，放置於鮭魚上。

2 整體煎熟後，用紙巾擦掉平底
鍋中多餘的油脂，加入A，讓
魚肉均勻沾上醬汁即可。

酒蒸鹽味鮭魚

醣類 **0.5g**
207kcal

鮭魚本身帶有天然的鹹度，不需要另外調味，
使用微波爐就能輕鬆烹調完成。

食材（1人份）

鹽漬鮭魚切片……1片
料理酒……½大匙

------- 變化版 -------
將斜切的蔥段跟鮭魚一起加熱2分
鐘，最後再加入芝麻油或辣油，增
添不同風味。

作法

1 將鮭魚放在烘焙紙上，加入
料理酒後包起來，左右兩邊
捲成糖果狀封緊，微波加熱
1分10秒～2分鐘即完成。盛
裝時，可撒上適量巴西里
（材料分量外）提味。

烹調4分鐘

烹調10分鐘

番茄起司烤鮭魚

醣類 **1.8g**
237kcal

番茄糊醣分較多，但只要減量就沒問題，
再加入起司粉和奶油增加濃郁度。

食材（1人份）

鮭魚輪切片
……½片（對半切）
鹽・胡椒……各少許
番茄糊……½大匙
巴西里碎……½大匙
起司粉……½大匙
奶油……½小匙

作法

1 鮭魚用紙巾擦乾水分後，撒上
鹽和胡椒。

2 在烤箱中鋪上鋁箔紙，將鮭魚
片放上去後塗一層番茄糊，再
撒上巴西里和起司粉。將奶油
分成小塊，放入鋁箔紙中，包
起來烤7分鐘左右直到全熟。

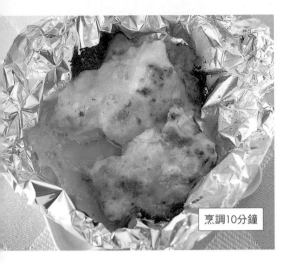

味噌美乃滋烤鱈魚

醣類
1.6g
126kcal

用低醣的美乃滋襯出食材本身的味道，
讓清淡的鱈魚層次變豐富。

食材（1人份）

鱈魚輪切片……½片（對半切）

鹽……少許

A｜美乃滋……略多於1小匙
　｜味噌……1小匙
　｜蔥花……1大匙

烹調10分鐘

------------ **變化版** ------------
使用鮭魚或旗魚代替鱈魚，享受截然
不同的魚肉口感。

作法

1 鱈魚片對半切後，用紙巾擦
乾水分，撒上鹽。

2 在鍋中鋪鋁箔紙，放入鮭魚
後，抹上拌勻的**A**醬料，用
大火烤7分鐘至熟。

3 取出後，將沒抹醬料的那一
面朝下放置在紙巾上，吸掉
多餘水分。

香煎咖哩鱈魚

醣類
2.5g
240kcal

香濃的咖哩粉是調味的重點。
將麵粉降到最低用量，控制醣類攝取。

食材（1人份）

鱈魚輪切片
……½大片（切4等分）

A｜鹽・胡椒……各少許
　｜咖哩粉……⅓小匙
　｜麵粉……1小匙

橄欖油……適量

作法

1 鱈魚片用紙巾擦乾水分後，
依序撒上**A**。

2 平底鍋中倒入橄欖油熱鍋，
放入鱈魚將兩面煎熟。裝入
便當時，可以增添適量香菜
（材料分量外）提味。

烹調7分鐘

烹調4分鐘

乾燒鱈魚

醣類
3.5g
99kcal

減少使用醣分高的太白粉及砂糖。
依喜好撒上白芝麻增加香氣。

食材（1人份）

鱈魚切片……1片（去皮）

太白粉……少許

A｜料理酒……1½小匙
　｜醬油……1小匙
　｜砂糖……½小匙
　｜薑末……少許

蔥花……少許

作法

1 將一片鱈魚切成4等分，抹上
太白粉。

2 將鱈魚片裝入可微波容器
中，倒入拌勻的**A**醬汁，蓋
上保鮮膜，微波加熱2分鐘。

3 將整體攪拌均勻，讓魚肉確
實沾裹醬汁後，撒上蔥花即
完成。

旗魚・鮨魚

旗魚和鮨魚的肉質扎實，吃起來像肉一樣有飽足感。只要稍微改變調味，不論日式、西式、中式口味都合適，變化豐富吃不膩。

1 餐份
醣類
1.4g
187kcal

1 餐份
醣類
2.1g
168kcal

1 餐份
醣類
3.3g
191kcal

使用黑胡椒增添香氣
黑胡椒旗魚排

冷藏3日　冷凍2週　｜微波加熱｜

食材（4餐份）

旗魚輪切片……2片（各切4等分）

A｜醬油・料理酒……各2大匙
　｜粗黑胡椒粉……少許

沙拉油……2小匙

----------- 變化版 -----------
也可以使用芝麻油煎熟後，撒上白芝麻提味。

作法

1 將旗魚切片和A醬汁放入塑膠袋中，靜置於冰箱內1小時～1晚醃漬入味。

2 平底鍋中倒入沙拉油熱鍋，放入瀝乾醬汁的旗魚片煎到表面金黃後翻面，蓋鍋蓋，轉小火，煎至全熟為止。

使用少量奶油提升料理風味
奶油醋炒旗魚

冷藏2～3日　不可冷凍

食材（4餐份）

旗魚輪切片……1.5片

櫛瓜……1根

鹽・胡椒……各少許

麵粉……1小匙

A｜橘醋醬……2～2½大匙
　｜奶油……1小匙

橄欖油……2小匙

作法

1 旗魚片切成約1公分寬的長條狀後，撒上鹽和胡椒，抹上麵粉。櫛瓜先橫切成3段後，再縱切成6等分的細長條。

2 平底鍋中倒入橄欖油熱鍋，放入旗魚片、櫛瓜拌炒。待炒熟之後，加入A醬汁拌炒均勻即完成。

最後用生薑提出清爽的滋味
薑燒旗魚

冷藏3～4日　冷凍2週　｜微波加熱｜

食材（4餐份）

旗魚輪切片
……2片（切成一口大小）

A｜薑……1大片（切絲）
　｜料理酒……½杯
　｜醬油……1½大匙
　｜砂糖……½大匙

＊「落蓋」是燉煮時壓在食材上的小鍋蓋，可加速入味，也可以用烘焙紙剪成略小於鍋子的圓形後使用。

作法

1 旗魚先用滾水汆燙至熟。

2 將A醬汁放入鍋中，開火加熱至沸騰後，加入旗魚片，蓋上落蓋，轉成中小火繼續煮。

3 煮至醬汁約減少一半時，將旗魚翻面，再次蓋上落蓋，煮至收汁即可。

辣味的豆瓣醬和酸香檸檬超對味

中華醬燒鮃魚

| 冷藏2～3日　冷凍2週 | 微波加熱 |

食材（4餐份）

鮃魚輪切片
……2片（每片切4～6等分）

豆苗……1袋（對半切）

A｜醬油……1大匙
　｜檸檬汁……½大匙
　｜芝麻油……1小匙
　｜豆瓣醬……½小匙

芝麻油……2小匙

作法

1 平底鍋中倒入½小匙芝麻油熱鍋，迅速放入豆苗炒熟後取出。

2 用紙巾將平底鍋擦乾淨後，加入1½小匙芝麻油，放入鮃魚將兩面煎熟。

3 將**A**醬汁放入保存容器中拌勻，再放入食材浸泡入味。

1餐份
醣類
1.1g
245kcal

使用低醣的味醂代替砂糖增添甜味

照燒鮃魚

| 冷藏2～3日　冷凍2週 | 微波加熱 |

食材（4餐份）

鮃魚輪切片……2片

獅子唐青椒
……8個（用竹籤戳洞）

鹽・麵粉……各少許

A｜醬油……4小匙
　｜料理酒・味醂……各4小匙

沙拉油……2½小匙

---------- 變化版 ------------
也可以在A醬汁中加入少許咖哩粉，做成咖哩照燒口味。

作法

1 將鹽撒在鮃魚上，靜置15分鐘。用紙巾擦乾水分後，抹上麵粉。

2 將½小匙沙拉油倒入平底鍋中熱鍋，放入獅子唐青椒炒熟後取出。

3 鍋中再加2小匙沙拉油，放入鮃魚煎至表面金黃後翻面，轉小火煎至全熟後取出。先用紙巾擦去多餘油脂，再拌入**A**醬汁及青椒保存在容器中。

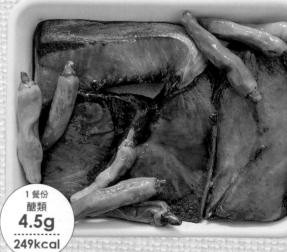

1餐份
醣類
4.5g
249kcal

結合梅子酸味與高湯的不膩口好滋味

梅香鮃魚

| 冷藏2～3日　冷凍2週 | 微波加熱 |

食材（4餐份）

鮃魚輪切片……2片
（每片切6～8等分）

蔥……½根（切3公分小段）

鹽……¼小匙

A｜高湯……¼杯
　｜醬油……1大匙
　｜酸梅……1大顆
　｜（去籽後切碎）

芝麻油……2小匙

作法

1 將鹽撒在鮃魚上，靜置10分鐘後，用紙巾擦乾水分。

2 平底鍋中倒入½小匙芝麻油熱鍋，放入蔥，炒至表面微焦後取出，放入**A**醬汁中。

3 再加1½小匙芝麻油至平底鍋中，放入鮃魚煎熟之後，加入其他材料中即完成。

1餐份
醣類
1.4g
231kcal

「煎」與「炸」都是很值得推薦的快速烹調方式，以味噌、芥末醬或咖哩等味道濃郁的醬料調味也很搭。

`烹調6分鐘`

一味煎旗魚

醣類 **2.1g** 201kcal

減少甜度，使用一味辣椒粉增添些許開胃的微辣感。

食材（1人份）

旗魚輪切片……½片
（對半切，擦乾水分）

A 醬油……1小匙
　 砂糖……⅓小匙

一味辣椒粉……少許

沙拉油……1小匙

作法

1 平底鍋中倒入沙拉油熱鍋，擺入旗魚片。煎至表面金黃後翻面，蓋上鍋蓋，轉小火，燜煎3分鐘。

2 加入A和魚片拌勻後，撒上一味辣椒粉即完成。

芥末醬烤旗魚

醣類 **0.9g** 200kcal

不添加甜味，而是以芥末醬和月桂葉的香氣做成燻烤料理。

食材（1人份）

旗魚輪切片……½片
鹽……1小匙
胡椒……少許
芥末醬……1小匙
月桂葉……½片
橄欖油……1小匙

--------- 變化版 ---------
將美乃滋與粗芥末籽醬以2:1的比例塗抹在旗魚片上烤，又是不同的滋味。

作法

1 旗魚切成2公分左右的四方形後，用紙巾擦乾水分，撒上鹽和胡椒。

2 將旗魚放到鋪好鋁箔紙的烤盤上後，在表面塗抹芥末醬，接著淋橄欖油、放上月桂葉，用大火烤約7分鐘至熟。裝入便當盒前，先取出月桂葉。

`烹調10分鐘`

`烹調10分鐘`

坦都里烤旗魚

醣類 **3.7g** 202kcal

將醬汁拌勻後塗抹在旗魚片上，不需要醃漬，也能在短時間內做出道地的印度風味料理。

食材（1人份）

旗魚輪切片……½片
洋蔥……⅛顆（切絲）

A 鹽・胡椒……各少許
　 美乃滋……1小匙
　 咖哩粉……½小匙
　 番茄醬……⅓小匙
　 伍斯特醬……⅓小匙
　 薑末……少許

作法

1 旗魚片切成長條狀，用紙巾擦乾水分。在鋪好鋁箔紙的烤盤上擺入旗魚，並在魚肉表面塗抹拌勻的A醬汁。將洋蔥絲放在空隙處後，烤6～7分鐘至熟。

2 取出烤熟的旗魚，用洋蔥將殘留在鋁箔紙上的醬汁吸收乾淨。

堅果味噌燒魽魚

將壓碎的堅果加入料理中增香提味，
不僅口感更豐富，還能增加飽足感。

醣類
3.1g
328kcal

食材（1人份）

魽魚輪切片……½片
核桃……2粒（稍微壓碎）
鹽……少許
A｜味噌……1小匙
　｜砂糖……⅓小匙
蔥……1根（切蔥花）

作法

1 魽魚片切成3～4等分後，用
　紙巾擦乾水分，撒上鹽，放入
　烤箱烤約7分鐘，直到熟透。

2 兩面烤熟後，將拌勻的**A**醬汁
　塗抹在魽魚上，並放上堅果，
　再放入烤箱中烤1分鐘。過程
　中注意不要烤焦，最後撒上蔥
　花即可。

烹調10分鐘

龍田揚炸魽魚

抹上最低限度的太白粉，
將醣類與油脂吸收量壓到最低。

醣類
3.8g
344kcal

食材（1人份）

魽魚輪切片……½片
（去皮後切成3等分）
A｜料理酒・薑末・醬油
　｜……各1小匙
太白粉・沙拉油……各適量

--------- 變化版 ---------
也可以將白芝麻拌入太白粉中一起
炸，或是前一天先醃漬入味後再炸。

作法

1 魽魚用紙巾擦乾水分後，和
　A醬汁混勻並輕壓入味。

2 平底鍋中倒入約1～2公分深
　的沙拉油，加熱至170度，
　將瀝乾醬汁的魽魚片裹上薄
　薄一層太白粉後酥炸。

烹調8分鐘

魚露烤魽魚佐蘆筍

將蔬菜和魽魚簡單以魚露調味後，
放入烤箱，烘烤出食材的美味。

醣類
1.1g
284kcal

食材（1人份）

魽魚輪切片……½片
（切成3～4等分）
蘆筍……2支
（去除根部硬皮，切成3等分）
A｜魚露……1小匙
　｜粗黑胡椒粉……少許
橄欖油……½小匙

作法

1 烤盤鋪好鋁箔紙後，放上魽
　魚片，並塗抹上**A**醬汁、淋
　上橄欖油。在魚肉空隙處擺
　放蘆筍後，放入烤箱烤約7
　分鐘，直到魚肉熟透。

烹調10分鐘

青背魚

富含ω–3脂肪酸的鯖魚，含有豐富有益油脂，
具有預防生活慢性病的功效，可以積極攝取。

1 餐份
醣類
4.9g
228kcal

令人食欲大增的陣陣香氣
蒜香照燒鯖魚

冷藏2〜3日　冷凍2週	微波解凍後，在鍋中加熱醬汁

食材（4餐份）

鯖魚片……1尾（約2片）
大蒜……1大瓣（切薄片）
麵粉……適量

A｜醬油……1大匙
　｜料理酒・味醂
　｜……各1大匙
　｜砂糖……1小匙

沙拉油……適量

作法

1 鯖魚切成一口大小後，用紙巾擦乾水分，裹一層薄麵粉。

2 平底鍋中倒入沙拉油熱鍋，放入蒜片開小火，待香味出來後，在燒焦前取出備用。

3 將鯖魚的魚皮那面朝下放入鍋中煎，待兩面煎熟後，先用紙巾擦乾鍋內多餘油脂，再加入A和蒜片，讓魚肉均勻沾裹醬汁。

1 餐份
醣類
0.5g
197kcal

事前做好醃漬步驟，讓魚肉變好吃
柚子胡椒醬烤鯖魚

冷藏2〜3日　冷凍2週	烤箱加熱

食材（4餐份）

鯖魚片……1尾（約2片）
鹽……少許

A｜醬油……½大匙
　｜柚子胡椒……½小匙
　｜橄欖油……1小匙

作法

1 用菜刀在鯖魚皮上，每隔1公分劃一刀後，對切成兩半。撒上鹽後靜置10分鐘，用紙巾擦乾。

2 在容器中將A攪拌均勻後，放入鯖魚醃漬。蓋上保鮮膜，放冰箱靜置10分鐘。

3 在烤盤上鋪好鋁箔紙後，放上2，以大火烤約6分鐘。

1 餐份
醣類
6.7g
216kcal

先去除竹莢魚的水分再裹粉
竹莢魚南蠻漬

冷藏2〜3日　不可冷凍

食材（4餐份）

竹莢魚片……4尾
紫洋蔥……½小顆（切絲）
麵粉……適量

A｜醋……3大匙
　｜砂糖……1½大匙
　｜醬油……1大匙
　｜鹽……¼小匙
　｜熱水……⅓杯

炸油……適量

作法

1 紫洋蔥在冷水稍微浸泡後撈起，用紙巾擦乾水分。將竹莢魚對半切開後，用紙巾擦乾水分，裹上一層薄麵粉。

2 在平底鍋中倒入約1〜2公分深的炸油，加熱至170度後，放入竹莢魚炸酥。

3 將A放入保存容器中拌勻，放入洋蔥及瀝乾油脂的竹莢魚，均勻沾裹醬汁即完成。

彌漫香草與番茄滋味的義大利料理
茄汁沙丁魚

冷藏2～3日　冷凍2週　　微波加熱

食材（4餐份）

沙丁魚……4尾（把魚肉片下來）
洋蔥……½顆（切絲）
四季豆……8根（去筋汆燙後斜切）
鹽・胡椒……各少許
麵粉……適量
A│番茄罐頭……½罐
　│（200g，切碎）
　│料理酒……2大匙
B│鹽麴……1大匙
　│乾燥奧勒岡葉……1小匙
　│月桂葉……1片
橄欖油……1大匙

作法

1　沙丁魚上撒鹽和胡椒，靜置10分鐘後，用紙巾擦乾水分，裹一層薄麵粉。

2　平底鍋中倒入½大匙橄欖油熱鍋，放入**1**，兩面煎熟後取出。用紙巾擦掉鍋中多餘油脂後，再倒入½大匙橄欖油熱鍋，放入洋蔥翻炒至油亮，加入**A**醬汁煮沸，最後放入**B**、沙丁魚、四季豆，轉中小火煮至收汁即可。

1 餐份
醣類
7.1g
140kcal

裹一層薄太白粉，減少醣類的攝取
酥炸沙丁魚

冷藏2～3日　冷凍2週　　微波半解凍，再用烤箱加熱

食材（4餐份）

沙丁魚……6小尾（把魚肉片下來）
A│醬油・料理酒……各1大匙
　│薑汁……1小匙
太白粉・炸油……適量

作法

1　沙丁魚用紙巾擦乾水分，均勻沾上拌勻的**A**，靜置10分鐘後瀝乾。

2　平底鍋中倒入約1公分深的炸油，加熱至170度後，將沙丁魚裹一層薄太白粉，放入鍋中炸酥即完成。

1 餐份
醣類
6.3g
188kcal

換成沙丁魚或鯖魚也很美味！
蠔油蔥炸秋刀魚

冷藏2～3日　冷凍2週　　微波半解凍，再用烤箱加熱

食材（4餐份）

秋刀魚……4尾（把魚肉片下來）
A│料理酒……½大匙
　│薑末……½大匙
　│胡椒……少許
太白粉……適量
B│味醂……1大匙
　│蔥……3支（切蔥花）
　│醬油……1大匙
　│白芝麻……1大匙
　│蠔油……1小匙
炸油……適量

作法

1　秋刀魚切成容易食用的大小後，均勻沾上**A**，靜置10分鐘再瀝乾。味醂放入微波爐中加熱20～30秒後，將**B**攪拌均勻。

2　平底鍋中倒入約1公分深的炸油，加熱至170度後，將秋刀魚裹上一層薄太白粉，放入鍋中炸酥。起鍋後瀝油，放入保存容器中，淋上拌勻的**B**醬汁。

1 餐份
醣類
3.3g
265kcal

青背魚

海鮮自己處理要花比較多時間，因此購買店家已經處理好的魚柳、魚片，或是醃好的醋漬或鹽漬鯖魚，可以省下很多時間。

烹調9分鐘

烤醋漬鯖魚

用烤箱烤過即完成，不需要再另外調味，也可以大幅減少醣類的含量。

醣類 2.1g　342kcal

食材（1人份）

醋漬鯖魚片……1片
黃芥末醬……少許

------------ 變化版 ------------
也可以使用芥末代替黃芥末醬，或是與青紫蘇葉一起食用。

作法

1 醋漬鯖魚用紙巾擦乾水分，放烤箱烤約8分鐘至表皮金黃微焦、肉全熟，即可搭配黃芥末醬享用。

咖哩鹽燒鯖魚

鯖魚和咖哩的味道非常搭。
裹上一層薄麵粉，用橄欖油煎至金黃焦香。

醣類 1.5g　337kcal

食材（1人份）

鹽漬鯖魚片……1片
咖哩粉……½小匙
麵粉……½小匙
橄欖油……1小匙

作法

1 鹽漬鯖魚用紙巾擦乾水分，切成容易食用的大小後，依序抹上咖哩粉和麵粉。
2 平底鍋中倒入橄欖油熱鍋，放入鯖魚片，兩面煎熟。

烹調10分鐘

烹調10分鐘

蒲燒沙丁魚

將平底鍋中多餘的油脂擦拭乾淨之後，魚肉加一點點的醬汁就很有味道！

醣類 5.8g　159kcal

食材（1人份）

沙丁魚……1尾（剖開）
獅子唐青椒……2個
（用竹籤戳洞）
麵粉……½小匙
A│醬油……1小匙
　│料理酒・味醂
　│……各1小匙
　│砂糖……⅓小匙
沙拉油……1小匙

作法

1 沙丁魚用紙巾擦乾水分後，裹上麵粉。
2 平底鍋中倒入沙拉油熱鍋，放入沙丁魚和獅子唐青椒煎熟。待沙丁魚兩面煎至金黃後，先用紙巾擦掉鍋中多餘油脂，再倒入A醬汁，讓魚肉均勻沾裹即可。

烹調8分鐘

黑醋醬燒竹莢魚

以黑醋調味，即使不加砂糖，
整體風味依然濃郁有層次。

糖類
3.0g
165kcal

食材（1人份）

竹莢魚片……1尾
蔥……⅓根（斜切成薄片）
麵粉……¼小匙
A｜醬油・黑醋……各1小匙
芝麻油……1小匙

作法

1　竹莢魚切成一半後，用紙巾
　　擦乾水分，裹上麵粉。
2　平底鍋中倒入芝麻油熱鍋，
　　將竹莢魚兩面煎熟後，加蔥
　　一起拌炒，最後再倒入**A**醬
　　汁，略微拌炒均勻即可。

油淋雞風味竹莢魚

只需淋上鹹鹹甜甜的油雞風味醬即可，
利用放涼的時間讓魚肉吸附醬汁，輕鬆又好吃。

糖類
3.2g
202kcal

烹調8分鐘

食材（1人份）

竹莢魚片……1尾
A｜料理酒……少許
　｜薑汁……少許
麵粉……½小匙
B｜醬油……1小匙
　｜醋……½～1小匙
　｜砂糖……¼小匙
　｜蔥……2公分（切末）
　｜白芝麻……適量
沙拉油……½大匙

作法

1　竹莢魚切成一口大小，放入
　　A醬汁中，稍微靜置人味後
　　瀝乾，裹上麵粉。
2　平底鍋中倒入沙拉油熱鍋，
　　將竹莢魚兩面煎熟後取出。
　　淋上拌勻的**B**醬汁，讓魚肉
　　均勻沾裹後放涼即可。

烹調10分鐘

梅子紫蘇秋刀魚捲

把魚肉捲起來後用牙籤固定，
加入紫蘇香氣和梅酸味的精緻配菜。

糖類
2.4g
356kcal

食材（1人份）

秋刀魚……1尾（把魚肉片下來）
料理酒……½大匙
青紫蘇……2片（對半切）
A｜酸梅……1粒
　（去籽後切碎）
　｜味醂……½小匙
　（若酸梅較甜可省略）
沙拉油……½小匙

作法

1　秋刀魚縱切一半，淋上料理
　　酒後稍微靜置。用紙巾擦乾
　　水分後，將魚皮那面朝下，
　　放上青紫蘇葉，再塗抹一層
　　A後，從尾端開始將秋刀魚
　　捲起，最後用牙籤固定。
2　沙拉油倒入平底鍋中熱鍋，
　　將魚捲側面朝下擺入。蓋鍋
　　蓋，開中小火煎，過程中時
　　不時翻面，煎至全熟。

這些低醣、低卡又富含口感的海鮮，是減重時期的強力夥伴。不容易變質的特性，非常適合製作成常備菜。

1餐份
醣類
1.0g
127kcal

捨棄高醣的麵皮，吃得更健康
鮮蝦香菇燒賣

冷藏2～3日　冷凍2週	微波加熱

食材（4餐份）

蝦仁……150g
香菇……8～12小朵
A｜豬絞肉……80g
　｜蔥……½根（切末）
　｜鹽……½小匙
　｜薑末……1小匙
　｜芝麻油……1大匙
　｜胡椒……少許
水……½杯
黑芝麻……適量

作法

1 蝦仁去殼、去尾、開背去腸泥後洗淨，先切小段再搗成泥。把香菇的蒂頭切下來，切成小丁。

2 在碗中放入蝦仁泥、香菇蒂、**A**，拌勻成肉餡後，鑲在香菇中。

3 將香菇側朝下整齊擺放至平底鍋中，加水蓋鍋蓋，開中小火蒸10～13分鐘，最後撒上黑芝麻即完成。

1餐份
醣類
3.1g
127kcal

快速汆燙後加入醬汁拌勻即完成
味噌鮮蝦拌蘆筍

冷藏2～3日　不可冷凍

食材（4餐份）

蝦仁……400g
蘆筍……4根
A｜味噌・醋
　｜……各1½大匙
　｜砂糖・芝麻油
　｜……各1小匙
　｜白芝麻……適量

作法

1 蝦仁去殼、開背去腸泥後，用適量太白粉（分量外）搓揉乾淨。蘆筍削去根部硬皮後，切成4等分。

2 煮一鍋滾水，依序放入蘆筍、蝦仁汆燙。

3 將**A**醬汁放入碗中，再將瀝乾水分的食材放進醬汁中拌勻即可。

1餐份
醣類
3.4g
72kcal

豐盛的蔬菜，搭配義大利麵也好吃
章魚炒鮮蔬

冷藏2～3日　不可冷凍

食材（4餐份）

汆燙章魚……120g（切1公分塊狀）
櫛瓜……½根（切1公分塊狀）
洋蔥……¼顆（切末）
大蒜……½瓣（切末）
A｜小番茄……8顆（去蒂）
　｜白酒……1大匙
　｜水……2大匙
鹽……適量
橄欖油……1大匙

作法

1 將橄欖油倒入平底鍋中，放入蒜末，開小火翻炒至蒜末呈金黃色後，加入櫛瓜和洋蔥拌炒至油亮。

2 接著加入章魚迅速翻炒，再加入**A**，大約炒3分鐘至收汁，最後撒鹽調味即可。

低脂高蛋白質的海鮮食材
茄汁中卷

冷藏2～3日　冷凍2週　｜微波加熱｜

食材（4餐份）

中卷……350～400g
大蒜……½瓣（切末）
洋蔥……½顆（切末）
白酒……½杯
A｜整顆番茄罐頭
　｜……½罐（200g）
　｜鹽……½小匙
　｜黑橄欖……8顆（切片）
巴西里碎……少許
橄欖油……適量

作法

1 中卷取出內臟後洗淨，切成一口大小。
2 在平底鍋中加入1½大匙橄欖油，放入大蒜，開小火，待香味出來後取出，再放入洋蔥翻炒至油亮。接著加入1，翻炒至變色時加白酒，煮至收汁。
3 再倒入A醬汁，一邊將番茄搗碎，一邊開中小火加熱約15分鐘，煮至收汁，即可按照個人口味淋橄欖油、撒巴西里碎。

1 餐份
醣類
4.3g
162kcal

加入膳食纖維豐富的海帶芽
微辣海帶花枝

冷藏2～3日　不可冷凍

食材（4餐份）

花枝……2隻
海帶芽……5g（用水泡開）
A｜醬油……½大匙
　｜芝麻油……½大匙
　｜豆瓣醬……⅓小匙
無鹽腰果……6粒（壓碎）

作法

1 花枝取出內臟、剝皮，在表面劃出縱橫交錯的格紋後，切成一口大小。花枝腳也切成容易食用的大小。
2 煮一鍋滾水，放入海帶芽汆燙後取出。再放入花枝汆燙後，取出瀝乾。
3 將2與A醬汁放入碗中拌勻，撒上腰果碎即完成。

1 餐份
醣類
1.4g
123kcal

微鹹微甜的醬汁超開胃
照燒帆立貝

冷藏2～3日　不可冷凍

食材（4餐份）

帆立貝……12顆
蔥……1根
A｜醬油……1½大匙
　｜料理酒・味醂
　｜……各1½大匙
　｜砂糖……1½小匙
沙拉油……1小匙

作法

1 蔥切成2～3公分長段。
2 在平底鍋中倒入沙拉油熱鍋，加入帆立貝和蔥段翻炒。炒至帆立貝兩面稍微呈現金黃色後，加入A醬汁調味。

1 餐份
醣類
5.6g
111kcal

其他海鮮

海鮮比想像中還容易煮熟,非常適合做成快速完成的料理。食材本身帶有鮮味,簡單調味即可享用。

烹調8分鐘

羅勒炒蝦

醣類 **1.3g**
115kcal

很快就熟的蝦仁,是忙碌早晨的便利食材。
加入魚露和羅勒後,散發出濃郁的香氣。

食材(1人份)

蝦仁……4尾
西洋芹……⅓根(切斜薄片)
A｜雞湯粉
　｜……略少於¼小匙
　｜魚露……½小匙
　｜乾燥羅勒……少許
橄欖油……1小匙

作法

1 蝦仁去除尾部之外的殼、開背去腸泥,洗淨後用紙巾擦乾水分。

2 在平底鍋中倒入橄欖油熱鍋,放入蝦仁和西洋芹拌炒。炒至蝦仁變色後,加入**A**醬汁調味。

不用炸的炸蝦

醣類 **2.1g**
137kcal

將蝦仁裹上極薄的麵包粉後送入烤箱就好,
能夠有效減少麵衣的醣分及油脂的卡路里。

食材(1人份)

蝦仁……3大尾
鹽・胡椒……各少許
美乃滋……½大匙
麵包粉……1大匙
(用手壓得更碎)

作法

1 蝦仁去除尾部之外的殼、開背去腸泥,洗淨後用紙巾擦乾。撒上鹽、胡椒,刷上美乃滋,最後裹上麵包粉。

2 將鋁箔紙鋪在烤盤上,將蝦仁整齊排放進去後,放烤箱烤約5～6分鐘至熟。

烹調10分鐘

烹調6分鐘

紫蘇炒章魚

醣類 **0.6g**
101kcal

用青紫蘇增添香氣和味道,
讓充滿嚼勁的章魚更有層次,

食材(1人份)

汆燙好的章魚……70g
(切小塊)
青紫蘇……3片(切碎)
料理酒……½大匙
醬油……少許
橄欖油……1小匙

作法

1 在平底鍋中倒入橄欖油加熱後,放入章魚略微翻炒,加入料理酒,開中大火翻炒至收汁,再加醬油、青紫蘇拌勻即可。

烹調10分鐘

咖哩花枝

省略醬汁中高醣分的砂糖後，
即使加入醣類較高的胡蘿蔔也不用擔心。

醣類
2.9g
137kcal

食材（1人份）

花枝⋯⋯½隻
胡蘿蔔⋯⋯⅓根（切絲）
A｜醋⋯⋯1小匙
　｜橄欖油⋯⋯1小匙
　｜鹽・咖哩粉⋯⋯各少許

---------- 變化版 ----------
將A醬汁換成醬油與芝麻油，做成
家常的中式口味。

作法

1　花枝取出內臟後，切成寬1
　公分的圈狀。其餘腳的部位
　也切成容易入口的大小，和
　花枝圈一起汆燙。
2　將**A**放入碗中攪拌均勻，再
　放入胡蘿蔔和花枝，翻拌均
　勻即可。

醬燒魷魚

這是一道將整隻魷魚烤過、非常有分量的料理。
也可以把花枝、透抽等切成圈狀後來烤。

醣類
3.7g
138kcal

食材（1人份）

魷魚⋯⋯1小隻
A｜醬油・料理酒・味醂・醋
　｜⋯⋯各1小匙
　｜薑末⋯⋯½小匙
沙拉油⋯⋯1小匙

作法

1　魷魚的內臟取出後，表面用
　刀劃上等寬的切痕，並去除
　腳上的吸盤等較硬的地方。
2　在平底鍋中倒入沙拉油熱
　鍋，放入魷魚煎至變色後，
　加入**A**醬汁，將兩面均勻煎
　熟即可。

烹調8分鐘

烹調6分鐘

奶油醬燒帆立貝

散發濃郁香氣的奶油醬燒，讓人胃口大開！
依照個人喜好撒上黑胡椒也很美味。

醣類
2.1g
135kcal

食材（1人份）

蒸帆立貝⋯⋯6個
奶油⋯⋯4g
醬油・胡椒⋯⋯各少許
檸檬片⋯⋯½片

作法

1　將奶油放入平底鍋中加熱融
　化，接著放入帆立貝拌炒。
　炒至顏色金黃時，加入醬
　油、胡椒稍微拌炒，再擺上
　檸檬片即可。

魚罐頭

對於料理不拿手的人，或沒時間的人來說，鯖魚或鮪魚等不需要處理的罐頭，不但調味方便，而且輕輕鬆鬆就能攝取到魚類的營養。

保持鯖魚形狀完整，增加飽足感

西西里風烤鴻喜菇鯖魚

冷藏2～3日　不可冷凍

食材（2餐份）

鯖魚水煮罐頭……1罐（200g）
鴻喜菇……1包
小番茄……6顆
紫洋蔥……¼小顆（切絲）
A｜鹽・胡椒……各少許
　｜醋……¼小匙
　｜橄欖油……2小匙
　｜乾燥羅勒……少許

作法

1 鯖魚從罐頭中取出後，瀝乾湯汁，對半切。將鴻喜菇的根部切除，剝開。小番茄去蒂頭，對切一半。

2 將鋁箔紙鋪在烤盤上，擺入1和紫洋蔥後，依序撒上A，再用大火烤5～6分鐘即可。

1 餐份
醣類
5.1g

255kcal

使用水煮罐頭的話，連魚骨都能吃

青椒醬炒鯖魚

冷藏2～3日　冷凍2週　　微波加熱

食材（3餐份）

鯖魚水煮罐頭……1罐（200g）
青椒……4顆（切2公分方形片）
蔥……1根（切末）
薑……1片（切末）
A｜醬油……2小匙
　｜砂糖……½小匙
芝麻油……1小匙

作法

1 將鯖魚從罐頭中取出，瀝乾湯汁。

2 將芝麻油倒入平底鍋中，放入薑末，開火後待香味出來，再放入鯖魚塊、青椒和蔥拌炒。熟透後加入A醬汁調味。

1 餐份
醣類
3.7g

164kcal

香料是消除魚腥味的小幫手

鯖魚茄子瑪莎拉

冷藏2～3日　冷凍2週　　微波加熱

食材（4餐份）

鯖魚水煮罐頭……1罐（200g）
茄子……2～3條
洋蔥……½顆（切絲）
薑……1片（切絲）
A｜咖哩粉……1大匙
　｜鹽……略少於½小匙
沙拉油……½大匙

作法

1 茄子縱切成一半後，在斜切成薄片。

2 平底鍋中倒入沙拉油熱鍋，放入鯖魚塊、洋蔥和薑絲稍微拌炒後，加入A和鯖魚（連湯汁一起），拌炒至收汁即可。

1 餐份
醣類
3.3g

132kcal

大量使用與鮪魚搭配度極高的高麗菜

咖哩鮪魚炒高麗菜

冷藏2〜3日　不可冷凍

食材（4餐份）

鮪魚水煮罐頭……1罐（70g）

高麗菜……¼顆

（切3公分片狀）

A 咖哩粉……1小匙

　伍斯特醬……1小匙

　醬油・料理酒

　……各1小匙

沙拉油……1小匙

作法

1 鮪魚從罐頭中取出，瀝乾湯汁。

2 平底鍋中倒入沙拉油熱鍋後，放入鮪魚塊和高麗菜拌炒。待高麗菜炒軟後，加入**A**拌勻即完成。

1 餐份
醣類
2.9g
52kcal

將鮪魚鑲進豆皮中，輕鬆裝入便當盒

鮪魚福袋

冷藏2〜3日　冷凍2週　　微波解凍後，放烤箱加熱

食材（4餐份）

鮪魚水煮罐頭……2罐（140g）

油豆腐皮……8片

蔥……1根（切末）

A 橘醋醬……1大匙

　日式麵味露（3倍濃縮）

　……1大匙

　水……2大匙

-------- 變化版 --------

在不沾鍋上放披薩用的起司，放上鮪魚福袋後煎脆，就是迷人的焗烤口味！

作法

1 鮪魚從罐頭中取出後，瀝乾湯汁，與蔥末一起放入碗中拌勻。

2 將油豆腐皮其中一邊切開成袋狀，適量塞入1後，用牙籤固定住開口。

3 整齊排入平底鍋中，將兩面煎至金黃後，加入**A**醬汁調味即可。

1 餐份
醣類
2.4g
160kcal

用罐頭和麵味露輕鬆完成燉菜

味露鮪魚燉蘿蔔

冷藏2〜3日　冷凍2週　　微波加熱

食材（4餐份）

鮪魚罐頭……1罐（70g）

白蘿蔔……250g（切扇形片）

A 日式麵味露（3倍濃縮）

　……1大匙

　水……½杯

作法

1 鮪魚從罐頭中取出後，瀝乾湯汁，與白蘿蔔和**A**醬汁一起放入鍋中加熱，煮至收汁即可。

1 餐份
醣類
2.8g
63kcal

魚罐頭

使用魚罐頭的話，調理時間更快速，冰箱沒有常備菜時，就用它迅速完成主菜。

烹調6分鐘

味噌鯖魚拌小松菜

已經調味好的味噌鯖魚罐頭，
不用再另外加入調味料，
與小松菜一起食用，補充β-胡蘿蔔素。

醣類
6.9g
224kcal

食材（1人份）
味噌鯖魚罐頭……½罐
（100g，瀝乾後切大塊）
小松菜……1～2株
（切3公分長段）

作法
1 將鯖魚和小松菜分別裝在不同的可微波容器中，蓋上保鮮膜，分別微波加熱1分鐘。
2 將小松菜放在篩網放涼後，用紙巾擦乾水分，再放入碗中和鯖魚拌一拌即可。

生薑味噌炒鯖魚

加入膳食纖維豐富的舞菇，
讓營養更加分的低醣配菜。

醣類
3.7g
235kcal

食材（1人份）
鯖魚水煮罐頭……½罐（100g）
舞菇……½包（剝散）
蔥……⅓根（斜切成絲）
薑末……½小匙
A｜日式麵味露（3倍濃縮）
　　……1小匙
　味噌……½小匙
　水……1大匙
芝麻油……½小匙

作法
1 將鯖魚的湯汁瀝掉後，切成大塊。
2 在平底鍋中倒入芝麻油，放進薑末，開中小火，待香味出來後，放入鯖魚塊、舞菇和蔥略微拌炒，再倒入拌勻的**A**醬汁，翻炒至收汁即完成。

烹調10分鐘

杏仁紫蘇鯖魚燒

利用鯖魚罐頭的鹽分烹調出好吃的味道，
最後再加入杏仁果，幫口感加分。

醣類
2.8g
245kcal

食材（1人份）
鯖魚水煮罐頭……½罐（100g）
洋蔥……⅛顆（切絲）
青紫蘇葉……5片（切絲）
無鹽杏仁果……5顆（壓碎）

作法
1 將鯖魚的湯汁瀝掉後，切成一半。
2 烤盤上鋪好鋁箔紙後，放入鯖魚塊和洋蔥，用大火烤5分鐘。試吃看看，若不夠鹹再加少許鹽（分量外）調味。裝入便當後，再撒上青紫蘇和杏仁果碎。

烹調10分鐘

鮪魚金針菇

補充膳食纖維的力推菜色，
一人享用一整袋金針菇，美味又滿足！

醣類
3.5g
58kcal

烹調5分鐘

食材（1人份）
鮪魚水煮罐頭……½罐（35g）
金針菇……1袋（80g）
雞湯粉……¼小匙
醬油・白芝麻……各少許

---------- 變化版 ----------
也可以使用切成細絲的胡蘿蔔來代
替金針菇製作這道料理。

作法
1 鮪魚瀝乾湯汁。金針菇切掉
根部之後，切成3等分。
2 將1和雞湯粉放入可微波容
器中，蓋上保鮮膜，微波加
熱1分30秒。
3 從微波爐中取出後，倒入醬
油調味、拌勻，再撒上白芝
麻即可。

蛋花蒲燒秋刀魚

製作上比一般的玉子燒還要簡單，
可以攝取到好脂肪的一道料理。

醣類
4.1g
167kcal

食材（1人份）
蒲燒秋刀魚罐頭
……½罐（40g）
雞蛋……1顆（打散成蛋液）
山芹菜……4根（切碎）

---------- 變化版 ----------
也可以使用切絲的洋蔥或蔥花代替
山芹菜。

作法
1 將蒲燒秋刀魚連湯汁一起放
入較小的平底鍋中加熱。沸
騰後放入山芹菜與打散的蛋
液，蓋上鍋蓋，轉中小火加
熱至全熟即可。

烹調6分鐘

烹調10分鐘

醬燒油醃沙丁魚

「罐頭下酒菜」風味的快速便當菜。
和海苔或青菜一起放在飯上也很好吃。

醣類
0.4g
182kcal

食材（1人份）
油醃沙丁魚罐頭
……½罐（50g）
醬油……少許
蔥花……少許

---------- 變化版 ----------
也可以放入蒜片一起炒，或放檸檬
片增添清爽香氣。

作法
1 平底鍋中放入2大匙罐頭中
的油和沙丁魚，開小火，煎
至表皮金黃後，用廚房紙巾
擦掉多餘油脂，再加入醬
油、撒上蔥花即完成。

常備菜

最適合先做起來放！
淡煮羊栖菜

一般來說，羊栖菜的口味又鹹又甜，不論醣分或鹽分都很高。調味稍微清淡一些，不僅更容易搭配其他食材烹調，也可以盡情活用在增加便當分量，或是填補縫隙中。

\ 簡單且用途廣泛！ /

食材（5餐份）

乾燥羊栖菜……15g

A｜高湯……½杯
　｜味醂……1大匙
　｜料理酒……½大匙
　｜醬油……2小匙

作法

1 乾燥羊栖菜放入水中泡開後，用水洗淨、瀝乾。
2 將**A**和**1**放入鍋中加熱，煮至收汁即可。

冷藏5日　冷凍3週

1餐份
醣類
2.0g
17kcal

※冷凍保存前，建議先分成5等分，用保鮮膜包起來將空氣擠出後，再裝進保鮮袋中冷凍。每次只拿出一次的分量，避免變質。

10分鐘料理 ｜ 變化版食譜

醣類
3.1g
97kcal

烹調8分鐘

醣類
4.0g
68kcal

烹調6分鐘

醣類
2.3g
50kcal

烹調5分鐘

也可以搭配蘆筍和青菜烹調
羊栖菜和風沙拉

食材（1人份）

淡煮羊栖菜※……1餐份
綠色花椰菜……4小朵
蒸大豆……1大匙
美乃滋……½大匙

作法

1 綠色花椰菜以鹽水汆燙熟後，瀝乾水分。
2 將淡煮羊栖菜和蒸大豆放入可微波容器中，微波加熱15～20秒。
3 將**1**、**2**和美乃滋放入碗中攪拌均勻即完成。

放進西式口味的便當也很搭！
茄汁咖哩蕈菇羊栖菜

食材（1人份）

淡煮羊栖菜※……1餐份
番茄……¼顆（切成一口大小）
鴻喜菇等菇類……30g（剝散）
咖哩粉……¼小匙
鹽……少許
橄欖油……1小匙

作法

1 平底鍋中倒入橄欖油熱鍋，放入蕈菇略微拌炒後，加入番茄、羊栖菜和咖哩粉，炒至收汁後，加鹽調味即可。

用油豆腐皮增加味道層次
油豆腐烤羊栖菜

食材（1人份）

淡煮羊栖菜※……1餐份
油豆腐皮……¼塊（切成細條）
蔥……4公分（切斜絲）
鹽……少許

作法

1 將油豆腐皮、蔥和羊栖菜放在鋁箔紙上，放進烤箱加熱3分鐘，將油豆腐皮烤至酥脆。
2 從烤箱中取出後拌勻，再加鹽調味即可。

※冷凍後須先用微波爐加熱30秒再使用。烹調時間不包含羊栖菜的解凍時間。

 常備菜 &  10分鐘料理

飯・麵・麵包

醣類高的主食，可以透過減少分量或使用市售減醣食品控制攝取量。若在主食中加入很多其他食材當配菜，不但製作方便，也可以防止血糖急遽上升。

口感豐富的食材，吃起來滿足又豐盛

漬菜拌飯便當

醣類
40.6g
356kcal

醃漬菜的酸味清爽舒適，拌入米飯中不容易膩，而且很有飽足感。
晚歸的時候先在傍晚吃，可以補充體力之外，也預防晚上暴飲暴食。

10分鐘料理
魩仔魚漬菜拌飯
▶ **P.92**

常備菜
福袋蛋包
▶ **P.137**

芝麻拌蘆筍

蘆筍汆燙後，撒上
醬油與白芝麻拌勻
即完成。

🚩 減醣 POINT　混合醃漬菜、水菜與魩仔魚等食材，做出口感多變，可以細細品嚐的拌飯。拌飯比單吃白飯更容易有滿足感，裡頭的魩仔魚也能補充身體容易缺乏的鈣質。

主食便當 2

用辣味豬肉炊飯，補充滿滿的活力

咖哩豬手抓飯便當

醣類
45.7g
534kcal

可以補充大量蛋白質，即使冷掉也很好吃的咖哩手抓飯。
豬肉富含能夠消除疲勞的維生素B$_1$，填補便當空隙的蔬菜也很營養。

常備菜
咖哩豬手抓飯
P.90

10分鐘料理
雞湯蒸高麗菜
P.108

減醣
POINT　手抓飯中的豬肉與菇類，都是帶有天然甜味且醣量低的食材。吃起來口感十足，即使飯量少也有
飽足感。加入少許大蒜增添風味，也會提升維生素B$_1$的功效。

前一天吃太多時，就用這個便當來調整狀態

中華炊飯便當

醣類
41.0g
331kcal

將放入絞肉、菇類、鵪鶉蛋等豐富食材的米飯捏成飯糰，輕鬆補充蛋白質、膳食纖維等營養素。最後放上簡單可愛的櫻桃蘿蔔雕花裝飾，增加便當色彩。

常備菜
中華炊飯
P.91

常備菜
榨菜拌綠花椰金針菇
P.100

減醣 POINT　大量使用絞肉、金針菇、鵪鶉蛋等醣類少又有飽足感的食材，即使飯量少，也不會感到空虛。絞肉推薦使用低脂肪的雞胸肉，再加上富有 β-胡蘿蔔素的花椰菜當配菜。

以魚露調味成高人氣的東南亞料理，
放入一顆荷包蛋提升營養度！

東南亞風拌飯便當

醣類
40.6g
505kcal

只要在雞鬆拌飯上放一顆荷包蛋就好，早上花10分鐘就能輕鬆做好。
如果想要更豐盛，也可以再加入蔬菜當配菜。

10分鐘料理
東南亞風拌飯
▶ P.93

荷包蛋
便當裡的荷包蛋要煎
熟，比較不容易變質。

減醣 POINT　這道拌飯的好吃小技巧，就是放入和米飯同樣分量的雞鬆。如此一來，就能透過肉和蛋攝取到蛋白質，也不會因為飯量減少而容易飢餓。使用低脂雞絞肉，也能控制卡路里的攝取量。

麵量減少一半，也能做出飽足感十足的炒麵

蠔油拌麵便當

醣類
35.5g
584kcal

使用散發香氣的櫻花蝦及蠔油製作成民族風味料理。
搭配需要仔細咀嚼的竹筍，可以預防吃麵容易吃太快的問題。

常備菜
黑醋炒竹筍
▶ P.131

10分鐘料理
蠔油拌麵
▶ P.96

減醣
POINT　減少一半醣分多的麵量，加入大量豆苗。豆苗富有嚼勁，還有 β-胡蘿蔔素等豐富的營養素。使用味道濃郁的牛肉，搭配櫻花蝦或芝麻添加香氣風味，做出讓人欲罷不能的美味拌麵。

主食便當 **6**

放入小朵綠色花椰菜增加分量感！

鮪魚花椰義大利麵便當

用綠色的小朵花椰菜，填補減少的義大利麵量，讓視覺或肚子都更滿足。
調味清爽的和風義大利麵，搭配口味重的咖哩起司炒蛋，口味剛剛好！

10分鐘料理
咖哩起司炒蛋
P.139

10分鐘料理
鮪魚花椰義大利麵
▶ **P.96**

🚩 **減醣 POINT**　減少醣量高的義大利麵，增加綠色花椰菜的分量。為了增加飽足感，綠色花椰菜分成小朵後不要煮太軟，稍微保留一些咀嚼的口感。食材中的鮪魚與配菜的雞蛋，是補充蛋白質的好幫手。

減醣麵包夾入鯖魚罐頭，再以濃厚的起司增加滿足感

焗烤鯖魚三明治便當

醣類
17.9g
503kcal

活用市面上販售的低醣麵包來製作三明治。夾入富含健康油脂的鯖魚，用微波爐就能輕鬆完成。再加上清爽的咖哩胡蘿蔔沙拉，快速又美味！

10分鐘料理
咖哩胡蘿蔔沙拉
▶ P.119

10分鐘料理
焗烤鯖魚三明治
▶ P.97

減醣 POINT 使用市售低醣麵包就能簡單做出來的減醣便當。三明治裡的食材，推薦使用鹽味的鯖魚罐頭，加上起司做成焗烤風味，不加醬料就超美味。

主食便當 8

雞里肌肉與芥末籽醬的風味超搭！

芥末雞里肌三明治便當

醣類
17.6g
529kcal

將低醣、低脂的雞里肌肉汆燙後簡單調味。
使用醣量少的麵包，夾入豐盛的食材，
加上具有飽足感的配菜，清爽美味無負擔。

常備菜
絞肉歐姆蛋
▶ P.137

10分鐘料理
芥末雞里肌三明治
▶ P.97

減醣
POINT　雞里肌肉加入芥末籽醬可以消除雞肉的腥味，不需再加入多餘的調味料。若沒有低醣麵包的話，就使用黑麥或全麥麵粉的麵包代替。最後，再加上蔬菜當配菜吧！

米飯

加入食材做成炊飯，一點點的飯就能讓分量感大幅提升！
米和食材混合後盡快炊熟，放冰箱或冷凍保存，才能避免食物變質。

1 餐份
醣類
41.8g
441kcal

引發食欲的咖哩香氣
咖哩豬手抓飯

冷藏2～3日　冷凍2週　｜　微波加熱

POINT▶這是一道放入大量豬肉，是主食也是主菜的飯料理。利用口感豐富的食材增加咀嚼次數，提升飽足感。滿滿的蕈菇也能攝取到膳食纖維。

食材（3餐份）

豬肉絲……250g
甜椒……¼顆（切絲）
四季豆……3個（去粗筋）
A｜鹽……⅓小匙
　｜料理酒……1大匙
　｜胡椒……少許
大蒜……½瓣（切末）
B｜洋蔥……¼顆（切碎）
　｜鴻喜菇・舞菇
　｜……共計50g（剝散）
米……1米杯
C｜水……180ml
　｜咖哩粉……1小匙
　｜高湯粉……½小匙
　｜鹽……¼小匙
橄欖油……½大匙

作法

1 豬肉絲以A輕搓醃漬。四季豆用鹽水汆燙後，切成4等分，備用。

2 平底鍋中倒入橄欖油，放入大蒜後開小火，待香味出來即可放入豬肉，轉成中大火翻炒，炒到肉幾乎有一半都變色後，加入B拌炒。

3 將洗好的米和C放入炊飯器中，攪拌均勻。將2鋪平在飯上，撒上切好的甜椒後，按下開關。蒸好後拌勻，撒上四季豆即完成。

------------ 變化版 ------------
可以換成油菜、蘆筍、毛豆等季節性蔬菜，以鹽水汆燙後鋪在飯上烹調。

散發迷人香氣的海帶與櫻花蝦組合
海帶絲與櫻花蝦飯

冷藏2～3日　冷凍2週　｜　微波加熱

POINT▶將甘美鮮甜的櫻花蝦與海帶絲一起炊熟，令人食指大動的炊飯就完成了！最後再撒上芝麻提味，香氣再升一級。

1 餐份
醣類
38.9g
198kcal

食材（3餐份）

乾燥海帶絲……7g
乾燥櫻花蝦……6g
米……1米杯
A｜料理酒……1小匙
　｜鹽……¼小匙

----------- 變化版 -----------
櫻花蝦可以換成以芝麻油炒過的魩仔魚，感受不同的香氣。

作法

1 乾燥海帶絲沖洗後瀝乾，切成容易食用的大小。將洗過的米放入炊飯器，加水至煮1杯米量高度（和米的比例約為1:1）。放入切好的海帶絲，浸泡30分鐘。

2 加入A攪拌均勻，撒入櫻花蝦，按下開關炊熟即可。

圓滾滾的鵪鶉蛋，也能增加飽足感！

中華炊飯

冷藏2～3日　冷凍2週　　微波加熱

POINT▶口味清爽的中式風味，無論搭配什麼配菜都不會太突兀。加入鵪鶉蛋之後，不僅增加飽足感，營養也更豐富。

食材（3餐份）

A | 薑片……2片
　| 雞絞肉（粗碎肉）……100g
　| 鴻喜菇……¼盒
　| 胡蘿蔔……⅛小根
　| 香菇……2朵
米……1米杯
B | 醬油……1大匙
　| 高湯粉·料理酒
　| ……各½小匙
　| 鹽……少許
水煮鵪鶉蛋……6顆
芝麻油……少許

作法

1 將胡蘿蔔切成大丁狀。鴻喜菇根部切除並弄散，香菇切成薄片，香菇蒂切成小丁。
2 將洗好的米放入炊飯器中，加入B，並加水至煮1杯米量的高度（和米的比例約為1：1），攪拌均勻。接著將A鋪平在表面，繞圈倒入芝麻油、放上鵪鶉蛋，按下開關炊熟即可。

＊想要冷凍保存時不要放入鵪鶉蛋，等要裝便當時，
　再將鵪鶉蛋稍微汆燙後放入便當中。

1餐份
醣類
40.1g
292kcal

加入大量低醣高蛋白的雞里肌

雞里肌炒飯

冷藏2～3日　冷凍2週　　微波加熱

POINT▶加入雞里肌肉補充大量蛋白質，如果加上豐盛的蔬菜配菜，就是營養均衡的低醣便當。

食材（4餐份）

雞里肌肉……2～3條
A | 醬油……1小匙
　| 味醂……1小匙
雞蛋……3顆（打散成蛋液）
溫熱的飯……400g
蔥……1根（切蔥花）
醬油……略少於1大匙
鹽……少許
芝麻油……1½大匙

--------- 變化版 -----------
也可以改用切成細絲的豬肉代替雞
里肌肉，增加飽足感。

作法

1 雞里肌肉去筋後，切成一口大小，以A搓揉入味。
2 平底鍋中加入½大匙芝麻油熱鍋後，倒入蛋液拌炒至半熟，起鍋備用。
3 平底鍋中加入1大匙芝麻油，放入1，拌炒至肉的顏色變白後，加入米飯和2，略微拌炒至粒粒分明，再加入蔥花炒勻，以醬油和鹽調味即可。

1餐份
醣類
37.7g
307kcal

米飯

將食材拌入飯中就大功告成，匆忙的早晨也能瞬間搞定！
豐富的食材不僅增加營養價值，視覺上也更賞心悅目。

烹調7分鐘

魩仔魚漬菜拌飯

越咀嚼越有滋味的醃漬菜和魩仔魚，
可以一次享受3種色彩與口感的美麗拌飯。

醣類
37.3g
188kcal

食材（1人份）
柴漬……½大匙（切碎）
日本水菜……½把
魩仔魚……1½大匙
溫熱米飯……100g

作法
1 日本水菜汆燙後瀝乾水分、
  切碎。魩仔魚汆燙後，用篩
  網撈起，以廚房紙巾拭乾。
2 在碗中裝入飯、柴漬和日本
  水菜、魩仔魚，拌勻即可。

*「柴漬」為日本著名的京都三大漬
  菜之一，以紫蘇醃漬茄子、小黃瓜
  等蔬菜，也可用其他醃漬菜取代。

火腿蘆筍拌飯

讓便當華麗變身的繽紛拌飯。
蓬鬆柔暖的炒蛋，具有相當的增量效果。

醣類
37.5g
304kcal

食材（1人份）
火腿……1片（切丁）
蘆筍……1根
雞蛋……1顆（打散成蛋液）
溫熱米飯……100g
鹽‧胡椒……各少許
沙拉油……1小匙

作法
1 削掉蘆筍根部的硬皮，切成
  0.5公分的小段。
2 平底鍋放入½小匙的沙拉油
  熱鍋，倒入蛋液，炒熟後取
  出。接著加入½小匙的沙拉
  油，放入火腿和1拌炒。
3 在碗中裝入飯和2，加鹽與
  胡椒拌勻即可。

烹調7分鐘

烹調5分鐘

鮪魚毛豆鹽昆布拌飯

醣類
38.0g
209kcal

用常備食材輕鬆完成一道料理。
鮪魚的鮮味和口感，
可以增加入口後的滿足度。

食材（1人份）
水煮鮪魚罐頭
……½罐（35g）
冷凍毛豆……5個豆莢
鹽昆布……½大匙
溫熱米飯……100g
鹽……少許

作法
1 將鮪魚罐頭的湯汁瀝乾。毛
  豆莢解凍之後，取出裡面的
  豆仁。
2 在碗中裝入飯、鮪魚、毛豆
  仁和鹽昆布後拌勻，再加鹽
  調味即可。

烹調8分鐘

叉燒竹筍拌飯

醣類
40.9g
292kcal

用帶有咬勁的香菇和竹筍增加咀嚼次數，
即使飯量減到2/3碗依然飽足。

食材（1人份）

叉燒肉……50g
香菇……1朵
水煮竹筍……30g
A│醬油……½小匙
　│料理酒……1小匙
　│鹽・胡椒……各少許
溫熱米飯……100g
蔥花……少許
芝麻油……½小匙

作法

1　叉燒肉切成1公分寬條狀。把香菇蒂頭切下來後，切成薄片。竹筍切成容易食用的大小。

2　平底鍋中倒入芝麻油熱鍋，放入叉燒肉、香菇、竹筍翻炒。待香菇炒軟後，加入**A**醬汁稍微翻炒。

3　在碗中裝入飯和**2**拌勻後，撒上蔥花即完成。

東南亞風拌飯

醣類
39.5g
372kcal

想要換個口味時，就來試試東南亞風味吧！
放入和飯等量的絞肉，吃起來充實滿足。

食材（1人份）

雞絞肉……100g
紫洋蔥……⅛顆（切絲）
薑……½小片（切末）
A│料理酒……1小匙
　│魚露……½小匙
　│蠔油……½小匙
溫熱米飯……100g
香菜……適量
沙拉油……½小匙

作法

1　紫洋蔥在水中稍微浸泡後，用廚房紙巾擦乾，備用。

2　平底鍋中倒入沙拉油，放入薑末，開中小火，待香味出來後，放入絞肉翻炒到顏色變白，再加入**A**拌炒。

3　在碗中裝入飯和**2**拌勻。放涼後撒上紫洋蔥，再搭配香菜即完成。

烹調7分鐘

烹調7分鐘

青紫蘇鮭魚拌飯

醣類
37.1g
386kcal

將鮭魚切成較大的碎塊，
粗略地拌入飯中增加分量，
讓飯看起來更豪華。

食材（1人份）

醃漬鮭魚……1切片
溫熱米飯……100g
青紫蘇……3片（切碎）
白芝麻……適量

作法

1　鮭魚放在烤架上烤過後，去除魚皮與魚骨，切成較大的碎塊。

2　在碗中裝入飯、鮭魚、青紫蘇和白芝麻拌勻。

這裡推薦的常備菜，是搭配麵或麵包食用的配料。
和麵拌一拌或是夾進麵包裡，飽足感大增量！

1餐份
醣類
2.0g
100kcal

大量使用美味的蘑菇與豬肉
蘑菇豬肉醬

| 冷藏2～3日　冷凍2週 | 微波加熱 |

食材（3餐份）

蘑菇……150g
豬肉絲……100g
洋蔥……¼顆（切末）
芹菜……½根（切末）
月桂葉……1片
白酒……3大匙
A｜魚露……2小匙
　｜粗黑胡椒粉……少許
橄欖油……2小匙

作法

1 切掉蘑菇根部容易有髒汙的地方後，切成4等分。

2 在平底鍋中倒入橄欖油熱鍋後，放入洋蔥和芹菜拌炒，炒熟後放豬肉、蘑菇和月桂葉拌炒。

3 肉色變白後，加入白酒快速拌炒，再蓋鍋蓋，轉小火燜煮4分鐘。掀開鍋蓋後瀝乾湯汁，拿掉月桂葉，加入A醬汁調味即可。

------------ 變化版 ------------
蘑菇螺旋麵

比起普通義大利麵，螺旋麵更容易裹附食材和醬料，單吃有滿足感，也可以夾入麵包中當配料。

1餐份
醣類
4.5g
145kcal

豐盛的蔬菜，配飯配麵都很好吃
擔擔麵醬

| 冷藏3日　冷凍2週 | 微波加熱 |

食材（6餐份）

瘦豬絞肉……250g
茄子……3根（切2～3公分塊狀）
青椒……3顆（切2～3公分塊狀）
香菇……2小朵（切薄片）
蔥……¼根（切末）
大蒜……1瓣（切末）
薑……1片（切末）
A｜水……3大匙
　｜味噌……2大匙
　｜料理酒・醬油……各1大匙
　｜砂糖……2小匙
沙拉油……2小匙

作法

1 在較厚的鍋子中倒入沙拉油，放入蒜末、薑末，開小火爆香。待香味出來之後，放入絞肉拌炒。

2 炒到超過一半的肉色都變白後，加入所有蔬菜略微拌炒，再加入攪拌均勻的A，炒至茄子軟爛即可。

------------ 變化版 ------------
擔擔蒟蒻絲

用快速汆燙過的蒟蒻絲取代麵條，做出更低醣低卡的擔擔麵。

用奶油乳酪做出簡單版的法式抹醬

法式鯖魚抹醬

冷藏2～3日　不可冷凍

食材（4餐份）

鯖魚水煮罐頭……1罐（200g）

A｜奶油乳酪……60g
　｜巴西里（切碎）……1大匙
　｜檸檬汁……½小匙
　｜芥末籽醬……½小匙
　｜鹽・胡椒……各少許

作法

1 在碗中放入瀝乾的鯖魚及 **A**，攪拌均勻即完成。

------------ 變化版 ------------
鯖魚醬馬芬堡

購買低醣馬芬後，在中間厚厚抹上法式抹醬、夾入萵苣即完成。

1餐份
醣類
0.6g
141kcal

減少砂糖量，微辣更滿足

辣肉醬

冷藏2～3日　冷凍2週　　微波加熱

食材（3餐份）

雞絞肉……100g

洋蔥……½顆（切末）

大蒜……½瓣（切末）

A｜辣椒粉……1小匙
　｜鹽……½小匙

B｜番茄碎罐頭
　｜　……½罐（200g）
　｜砂糖……1小撮
　｜蒸黑豆……50g

鹽・胡椒……各少許

橄欖油……½大匙

作法

1 在鍋中倒入橄欖油熱鍋，放入洋蔥和大蒜翻炒。炒至洋蔥變透明後，放入絞肉和 **A** 拌炒。

2 待肉炒至粒粒分明之後，加入 **B**，轉中小火燉煮。煮至收汁、變得濃稠時，加鹽和胡椒調味即可。

------------ 變化版 ------------
辣味熱狗

夾在低醣的圓麵包、熱狗麵包中，或是配飯都好吃。

1餐份
醣類
7.2g
131kcal

麵・麵包

麵和麵包雖然是高醣的食物，但只要透過減少麵量，
或是使用減醣麵包來控制，一樣可以吃到美味的料理。

烹調7分鐘

鮪魚花椰義大利麵

醣類 **40.9g**
387kcal

使用快煮義大利麵縮短烹調時間。
選擇沒有添加油脂的鮪魚罐頭更健康。

食材（1人份）

義大利麵（快煮麵）……50g
綠色花椰菜
……4小朵（切2~3等分）
洋蔥……⅛顆（切絲）
A｜日式麵味露（3倍濃縮）
　｜……1½大匙
　｜鮪魚水煮罐頭……½罐
　｜（35g，瀝乾湯汁）

作法

1 將義大利麵折成一半，按照
　包裝標示放入平底鍋中煮
　熟，在撈起2分鐘前放入綠
　色花椰菜汆燙，撈起前放入
　洋蔥拌勻。
2 篩網撈起食材，瀝乾水分
　後，放回平底鍋中，加入A
　攪拌均勻即可。

培根茄汁義大利麵

醣類 **38.0g**
424kcal

1人份的義大利麵減少到50g，
加入口感清脆的日本水菜增加分量。

食材（1人份）

義大利麵（快煮麵）……50g
日本水菜……2~3株（切段）
培根……2片（切成寬1公分）
A｜橄欖油……1小匙
　｜番茄糊……1大匙
　｜鯷魚醬……¼小匙
鹽・胡椒……各少許

作法

1 將義大利麵折成一半，按照
　包裝標示放入平底鍋煮熟，
　在撈起前放入培根與日本水
　菜，攪拌均勻。
2 用篩網將食材撈起，瀝乾後，
　放回平底鍋中。拌入A，加鹽
　和胡椒調味，再依個人喜好
　撒起司粉（分量外）即可。

烹調7分鐘

烹調6分鐘

蠔油拌麵

醣類 **34.3g**
551kcal

雖然只放入半份麵，但將豆苗拌入麵中，
麵的體積就會瞬間增加，吃起來也有飽足感。

食材（1人份）

日式炒麵……½包
牛肉片（火鍋用）……100g
豆苗……½袋（切成一半）
蔥……5公分（斜切絲）
A｜醬油……1½小匙
　｜蠔油……1小匙
　｜芝麻油……1小匙
B｜櫻花蝦（乾燥）……1大匙
　｜白芝麻……適量

作法

1 煮沸一鍋水後，放入日式炒
　麵、豆苗和蔥汆燙，再用篩
　網撈起瀝乾，放入碗中。
2 牛肉片以熱水汆燙後，瀝
　乾，與A一起加入食材中拌
　勻。裝入便當後，再撒上B
　即可。

烹調8分鐘

日式鹽味炒麵

將麵量調整為一半，
用鹽代替炒麵醬減少醣類。

醣類
34.6g
449kcal

食材（1人份）

日式炒麵……½包
豬肉片（火鍋用）……100g
胡蘿蔔……10g（切粗絲）
高麗菜……1片（切一口大小）
豆芽菜……20g
A | 雞湯粉……½小匙
　 | 鹽……⅙小匙
　 | 檸檬汁……½小匙
　 | 粗黑胡椒粉……少許
芝麻油……1小匙

作法

1 將日式炒麵放入微波爐加熱
　20秒。
2 在平底鍋中放入芝麻油熱鍋
　後，依序放入豬肉、胡蘿
　蔔、高麗菜、豆芽菜拌炒。
　接著放入日式炒麵，一邊將
　麵弄鬆一邊炒，待肉的顏色
　變白後，加入A調味。最後
　可再依個人喜好加上檸檬切
　片（材料分量外）。

芥末雞里肌三明治

使用低醣吐司達到減醣效果。
里肌肉先切開再汆燙更快熟。

醣類
14.0g
363kcal

食材（1人份）

雞里肌……100g
A | 料理酒……½大匙
　 | 鹽……少許
B | 美乃滋……1大匙
　 | 芥末籽醬……½大匙
萵苣……1～2片（剝成大片）
減醣吐司……2片

作法

1 雞里肌肉去除筋後，橫剖成
　一半的厚度，再對切一半。
2 將雞里肌放入鍋中，加水至
　剛好淹過的高度後，開火加
　熱。沸騰後關火，蓋鍋蓋燜
　7分鐘。待肉完全熟透再取
　出瀝乾，加入B拌勻。
3 將萵苣與雞里肌夾入吐司
　中，切成一半。

烹調10分鐘

焗烤鯖魚三明治

富含油脂的鯖魚，選擇水煮罐頭降低卡路里。
再搭配減醣麵包，吃光光也不怕醣量破錶！

醣類
14.6g
446kcal

食材（1人份）

鯖魚水煮罐頭……½罐
（100g，瀝乾後對切）
洋蔥……⅛顆（切絲）
披薩用起司……20g
低醣麵包……1個（中間剖開）
萵苣……1片（撕大塊）

作法

1 將鋁箔紙鋪在烤架上，放上
　鯖魚、起司，空隙處擺洋
　蔥，開大火烤5分鐘。待起
　司稍微出現焦色，洋蔥烤軟
　後取出，與萵苣一起夾入麵
　包中。

烹調8分鐘

最適合活用在便當上！
米飯的
減醣提案

米飯不需要完全禁止，適量攝取才是重點。
吃太多醣類的人，可以按照以下方式進行調整。

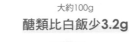
煮飯時拌入這些食材，就可以減少醣量

不含鹽分，也不影響其他配菜味道的減醣飯。減醣之外，膳食纖維量也大幅增加。將大麥飯分裝成100〜120g的一餐量冷凍，每次取出一包解凍就好，非常方便。蒟蒻絲飯不適合冷凍，適合在早上煮飯時使用。

＋蒟蒻絲	＋大麥
大約100g	大約100g
醣類比白飯少**12.2g**	醣類比白飯少**3.2g**

醣類
24.6g
115kcal
大約100g

加入切碎的蒟蒻絲增加分量
蒟蒻絲飯

蒟蒻絲建議前一晚先製備好放進冰箱冷藏（作法2），早上用電子鍋的加速模式快速炊熟。膳食纖維量大提升！

材料與作法
1 將1杯米洗淨後放入炊飯器內，加水（米和水的比例約1：0.9）。
2 將120g的蒟蒻絲洗淨後，汆燙3分鐘。用冷水沖一遍後，瀝乾水分，切小段。
3 將2加入1之後稍微攪拌，按下開關炊熟即可。

醣類
33.6g
159kcal
大約100g

膳食纖維一口氣暴增
大麥飯

100g的大麥飯，膳食纖維比等量的白飯多0.8g。大麥量也可以自由增加，每多加50g大麥，煮飯的水量就要多1/2杯。

材料與作法
1 取2杯米，洗淨後放入炊飯器內，加入需要的水量（米和水的比例約1：1）。
2 放入大麥50g，加入½杯水，稍微拌勻後，按下開關炊熟即可。

※食材皆為容易製作的分量。

不能忘記的加分食材！
花椰菜飯

市面上常見的花椰菜飯，就是將花椰菜切碎成飯粒大小，微波加熱後，用來代替米飯的食材。減少米飯量後拌入花椰菜飯，減醣效果非常優秀。

大約100g
醣類比白飯少**35.4g**

醣類
1.4g
18kcal
大約100g

part 4

常備菜 ＆ 10分鐘料理

蔬菜料理

綠　紅黃紫　白　咖啡

蔬菜中的膳食纖維能防止飯後血糖值急劇上升，還含有大量維他命、礦物質等必須營養素。本章節中每一道都是少醣低熱量的配菜，可以安心搭配組合。

綠色蔬菜

綠花椰或葉菜類、小黃瓜等綠色蔬菜的種類非常豐富。
水分含量高的蔬菜請不要冷凍，盡可能趁早吃完。

拌入芥末籽醬，減少美乃滋
花椰菜水煮蛋沙拉

冷藏2～3日　不可冷凍

食材（6餐份）

綠色花椰菜……1顆
（切成小朵）

水煮蛋……2顆（各切4等分）

A｜美乃滋……2大匙
　｜芥末籽醬……2小匙
　｜鹽……少許
　｜粗黑胡椒粉……少許

作法

1 將綠色花椰菜以鹽水汆燙
後，用篩網撈起瀝乾。

2 將花椰菜及水煮蛋、A放
入碗中攪拌均勻。

1 餐份
醣類
0.6g
67kcal

加入低醣菇類增加分量
榨菜拌綠花椰金針菇

冷藏3日　不可冷凍

食材（6餐份）

綠色花椰菜……1顆
（切成小朵）

金針菇……½袋
（切除根部後對半切）

A｜榨菜……4大匙（切碎）
　｜芝麻油……1大匙
　｜白芝麻……2小匙

鹽……適量

作法

1 將綠色花椰菜、金針菇燙
熟，用篩網撈起瀝乾。金
針菇放涼後，用廚房紙巾
輕輕按壓，吸乾水分。

2 放入碗中再放入A、一起
攪拌均勻，最後加鹽調味
即可。

----------- 變化版 -----------
將金針菇換成紅蘿蔔絲，便當的色
彩更鮮艷。

1 餐份
醣類
0.5g
35kcal

使用橄欖油增添香氣，撒鹽就很好吃
油蒸綠花椰

冷藏3日　不可冷凍

食材（6餐份）

綠色花椰菜……1顆

A｜水……2大匙
　｜鹽……⅛小匙
　｜橄欖油……2大匙

作法

1 綠色花椰菜切成小朵，削
除硬皮後縱切成4等分，
再切成容易食用的大小。

2 在小型平底鍋中放入綠花
椰和A，一邊拌炒一邊加
熱，沸騰後蓋上鍋蓋，蒸
3～4分鐘。

----------- 變化版 -----------
加大蒜香氣更濃郁，也可以將綠色
花椰菜換成小松菜或油菜花，蒸2
分鐘。

1 餐份
醣類
0.2g
45kcal

魩仔魚的鮮美越放越入味
青椒炒魩仔魚

冷藏2～3日　不可冷凍

食材（6餐份）

青椒……4～5顆（縱切絲）

魩仔魚……3大匙

A　白芝麻……½大匙
　　料理酒……½大匙
　　醬油……1小匙

芝麻油……½大匙

作法

1　在平底鍋中倒入芝麻油熱鍋後，放入青椒、魩仔魚拌炒。

2　炒到青椒稍微變軟後，加入A，炒至收汁。若味道太淡就再加少許鹽（分量外）調味。

1 餐份
醣類
0.9g
28kcal

用咖哩的強烈香氣，降低調味料的用量
咖哩火腿炒青蔬

冷藏2～3日　不可冷凍

食材（6餐份）

青椒……4顆（縱切絲）

蘆筍……4～5支

火腿……3片

A　咖哩粉……½小匙
　　高湯粉……¼小匙
　　鹽……¼小匙
　　水……2～3大匙

橄欖油……1大匙

作法

1　蘆筍削除根部硬皮後，切成3等分。火腿和青椒切成等寬的粗絲。

2　在平底鍋中倒入橄欖油熱鍋，放入食材拌炒。待整體炒至油亮後，加入A，炒至收汁。

1 餐份
醣類
1.1g
38kcal

加入巴西里碎增添風味和色彩
醋漬櫛瓜

冷藏2～3日　不可冷凍

食材（6餐份）

櫛瓜……1根

（切0.5公分厚的圓薄片）

A　鹽……¼小匙
　　醋……1小匙
　　橄欖油……1½大匙
　　巴西里碎……適量

橄欖油……½大匙

作法

1　在平底鍋中倒入橄欖油熱鍋，放入櫛瓜煎軟後即取出，放進保存容器中，加A拌勻即完成。

1 餐份
醣類
0.5g
34kcal

綠色蔬菜

不加砂糖，品嚐食材本身的甜味

高麗菜燉腐皮

冷藏2～3日　不可冷凍

食材（6餐份）

高麗菜……¼顆（剝成小片）
炸腐皮……1片
A 水……½杯
　柴魚片……3g
　醬油……1½大匙
　味醂……1½大匙

作法

1 炸腐皮放入熱水中汆燙去油，用廚房紙巾拭乾水分後，切粗絲。

2 將高麗菜、炸腐皮和A放入鍋中，開火煮至沸騰後，蓋鍋蓋，轉小火燉5分鐘。

1 餐份
醣類
3.9g
40kcal

很適合搭配和風料理，補充膳食纖維

味噌美乃滋高麗菜

冷藏2～3日　不可冷凍

食材（6餐份）

高麗菜……¼顆（切絲）
小黃瓜……1根（切絲）
胡蘿蔔……20g（切絲）
鹽……½小匙
A 美乃滋……1大匙
　味噌……½小匙
　砂糖……¼小匙

作法

1 將所有食材和鹽放入塑膠袋中混勻，靜置10分鐘出水後瀝乾。

2 在碗中放入A攪拌均勻後，加入所有食材拌勻即完成。

1 餐份
醣類
2.2g
29kcal

用培根讓味道變得更豐富

孜然培根炒高麗菜

冷藏2～3日　不可冷凍

食材（6餐份）

高麗菜……¼顆
培根……1片（切絲）
孜然粒……¼小匙
鹽……適量
橄欖油……2小匙

作法

1 高麗菜切成3公分小塊。

2 在平底鍋中倒入橄欖油、放孜然粒，開火煸到香氣出來後，加入高麗菜和培根拌炒。

3 待高麗菜炒軟後，加鹽調味即可。

1 餐份
醣類
1.5g
37kcal

攝取有助抗老的抗氧化成分

杏仁拌菠菜

冷藏2～3日　不可冷凍

食材（6餐份）

菠菜……1把

無鹽杏仁果……5～6粒

A｜芝麻油……1小匙
　｜雞湯粉……½小匙
　｜鹽……少許

作法

1 菠菜用熱水汆燙後，在冷水中稍微浸泡後瀝乾，切成容易食用的長度。杏仁果切碎。

2 在碗中放入 **A** 和菠菜拌勻，裝進便當盒後，再撒上杏仁果碎。

1餐份
醣類
0.3g
20kcal

鮮甜有層次的脆口感

清炒青江菜

冷藏2～3日　不可冷凍

食材（6餐份）

青江菜……2～3把

大蒜……½瓣（切蒜末）

紅辣椒……⅓根（切小圓片）

A｜料理酒……3大匙
　｜蠔油……1小匙
　｜魚露……½小匙
　｜雞湯粉……¼小匙

橄欖油……1小匙

作法

1 將青江菜的梗縱切成6等分，葉子切成容易食用的大小。

2 在平底鍋中倒入橄欖油，放大蒜和辣椒，開火待香氣出來後，放菜梗翻炒。

3 炒至油亮後，放入葉子和 **A** 炒軟。起鍋後，連同湯汁一起放涼。

1餐份
醣類
1.1g
19kcal

裝進便當盒後再撒上白芝麻提味

鹽昆布鮪魚炒小松菜

冷藏2～3日　不可冷凍

食材（6餐份）

小松菜……1把（切3公分段）

鮪魚水煮罐頭……1罐（70g）

鹽昆布……1大匙

芝麻油……½大匙

作法

1 在平底鍋中倒入芝麻油熱鍋，放入小松菜梗，翻炒1分鐘。

2 將瀝乾湯汁的鮪魚、小松菜葉及鹽昆布放入鍋中炒熟即可。

1餐份
醣類
0.3g
26kcal

**1 餐份
醣類
0.9g
5kcal**

越吃越涮嘴的清脆口感
昆布茶漬芹菜小黃瓜

冷藏2～3日　不可冷凍

食材（6餐份）

小黃瓜……1根
西洋芹……1根（去除葉子）
A｜昆布茶……½大匙
　｜醋……1小匙
　｜鹽……少許

---- 變化版 ----
可以把小黃瓜及西洋芹換成胡蘿蔔
或白蘿蔔。

作法

1 將小黃瓜先橫切3段，再縱切4等分。西洋芹也切成相同的長度後，再縱切成0.5公分的薄片。

2 在碗中放入小黃瓜和A混合均勻後，靜置至少2小時入味。

**1 餐份
醣類
1.6g
15kcal**

色彩鮮豔，口感和視覺都享受
醋漬蓑衣黃瓜

冷藏3日　不可冷凍

食材（6餐份）

小黃瓜……2根
鹽……⅓小匙
胡蘿蔔……少許（切絲）
A｜薑……½片（切絲）
　｜醋……1大匙
　｜砂糖……½大匙
　｜芝麻油……1小匙

作法

1 在小黃瓜表面每間隔0.1公分斜切一刀，切到約小黃瓜的⅔深，不要切斷。切完後翻過來，反面也同樣切斜紋。切完後再切成3公分長段，均勻抹鹽，靜置10分鐘。

2 在保存容器中放入A拌勻後，放入瀝乾水分的小黃瓜和胡蘿蔔醃漬。

**1 餐份
醣類
1.2g
18kcal**

清爽不膩的好滋味
芝麻涼拌四季豆

冷藏2～3日　不可冷凍

食材（6餐份）

四季豆……20～25根
醬油……2小匙
白芝麻醬……1大匙

---- 變化版 ----
減少醬油量，拌入壓碎的梅乾，做成完全不同的風味。

作法

1 四季豆用鹽水汆燙後，撈起瀝乾。趁溫熱時，切成3～4公分長段，並放入碗中，淋上醬油。

2 靜置入味後，撒上白芝麻醬拌勻即可。

汆燙後依然保有脆口感
青蔬凱薩沙拉

冷藏2～3日　不可冷凍

食材（6餐份）

甜豆⋯⋯16個（去粗筋）

蘆筍⋯⋯5根

A｜美乃滋⋯⋯1大匙
　｜蒜末⋯⋯少許
　｜起司粉⋯⋯2小匙
　｜醋・芥末醬⋯⋯各½小匙
　｜橄欖油⋯⋯1小匙

作法

1　蘆筍削除根部硬皮後，均切3段，與甜豆一起用鹽水快速汆燙，撈起瀝乾。

2　在碗中放入**A**拌勻後，加甜豆、蘆筍拌勻。若味道太淡，再加少許鹽和起司粉（分量外）調味。

1餐份
醣類
2.3g
40kcal

用味噌讓苦瓜的苦味變柔和
芝麻味噌油豆腐炒苦瓜

冷藏3日　不可冷凍

食材（6餐份）

苦瓜⋯⋯1條

油豆腐⋯⋯2塊（切1公分長條）

A｜味噌⋯⋯1½大匙
　｜料理酒・白芝麻
　｜⋯⋯各1大匙
　｜砂糖⋯⋯1小匙
　｜薑末⋯⋯½小匙
　｜醬油⋯⋯少許

芝麻油⋯⋯2小匙

作法

1　將苦瓜對半縱切，挖掉中間的籽和囊後，切薄片，抹上少許鹽（分量外），輕輕按壓後，用清水洗淨、瀝乾。

2　在平底鍋中倒入芝麻油熱鍋，放入苦瓜翻炒2分鐘後，加入油豆腐翻炒，再以**A**調味即可。

1餐份
醣類
2.0g
110kcal

幫便當點綴色彩的細緻配菜
涼拌荷蘭豆

冷藏2～3日　不可冷凍

食材（6餐份）

荷蘭豆⋯⋯20個（去粗筋）

A｜高湯⋯⋯¾杯
　｜鹽⋯⋯⅓小匙

------------ 變化版 ------------
也可以將荷蘭豆換成蘆筍或甜豆，用同樣的方式製作。

作法

1　荷蘭豆迅速汆燙後，撈起瀝乾。

2　在保存容器中放入**A**和荷蘭豆，拌勻後靜置至少3小時入味。

1餐份
醣類
0.3g
3kcal

綠色蔬菜

沒有充分的時間時，就用簡單的菜色快速填補便當。
涼拌、煎烤、拌炒等，用各種烹飪手法變化菜色。

`烹調5分鐘`

柚子胡椒美乃滋綠花椰

醣類 0.6g
57kcal

用美乃滋及柚子胡椒拌勻即可。
美乃滋醣量不高，又可以增加飽足感。

食材（1人份）

綠色花椰菜……4小朵
A｜美乃滋……½大匙
　｜柚子胡椒……少許

作法

1 將綠色花椰菜稍微氽燙至熟後放涼。
2 將A和綠色花椰菜放入碗中，攪拌均勻即可。

蒜香花椰菜

醣類 0.9g
35kcal

蒜香義大利麵般的調味方式，
濃郁的香氣讓人一口接著一口。

食材（1人份）

綠色花椰菜……4小朵
大蒜……⅓瓣（壓碎）
紅辣椒……¼根（切末）
水……2大匙
鹽……少許
橄欖油……½小匙

作法

1 在小型平底鍋中倒入橄欖油，放大蒜及紅辣椒，開小火，待炒出香氣後加入綠色花椰菜，轉中火拌炒。
2 炒至油亮後加水，再炒到水分收乾、花椰菜熟之後，撒鹽調味、取出大蒜。

`烹調5分鐘`

`烹調3分鐘`

海苔拌菠菜

醣類 0.6g
18kcal

散發海苔香氣的經典涼拌菜。
不只低醣低卡，還富含膳食纖維及礦物質。

食材（1人份）

菠菜……2把
烤海苔……⅙片（弄碎）
醬油……少許

--------- 變化版 ---------
在加入海苔前，也可以用鹽、芝麻油取代醬油調味。

作法

1 將菠菜切成段，放入可微波容器，封上保鮮膜，微波加熱40秒～1分鐘後取出，用紙巾拭去多餘的水分。
2 將菠菜、醬油及烤海苔放入碗中均勻攪拌。

烹調7分鐘

起司烤青椒

醣類
3.9g
89kcal

像是以青椒當成餅皮的蔬菜披薩，
很適合用來增加便當的分量感。

食材（1人份）

青椒⋯⋯1顆（對半縱切）
披薩用起司⋯⋯2大匙
小番茄⋯⋯3顆（對半切）
鹽⋯⋯少許

作法

1 在小番茄上撒少許鹽調味。

2 將小番茄和披薩用起司放進
青椒內，擺到鋪好錫箔紙的
烤盤上，用烤箱烤5分鐘。

⋯⋯⋯ 變化版 ⋯⋯⋯
番茄可以替換成半罐瀝乾湯汁的鮪
魚，做成海鮮披薩。

鮪魚拌青椒

醣類
1.6g
71kcal

透過微波加熱就能攝取到鮪魚的蛋白質，
還能吃到青椒的維生素及β-胡蘿蔔素等營養。

食材（1人份）

青椒⋯⋯1大顆
（對半縱切後，切成0.7公分長條）
水煮鮪魚罐頭⋯⋯½罐（35g）
A｜芝麻油⋯⋯½小匙
｜雞湯粉⋯⋯¼小匙
｜胡椒⋯⋯少許
白芝麻⋯⋯1小匙

作法

1 將青椒及瀝乾的鮪魚放入可
微波容器中，蓋上保鮮膜，
微波加熱1分30秒。

2 趁還溫熱時拌入**A**，若味道
太淡，再撒少許的鹽（分量
外）調味。瀝乾湯汁，撒白
芝麻拌勻即完成。

烹調4分鐘

烹調3分鐘

海帶芽拌櫛瓜

醣類
1.5g
14kcal

利用雞湯粉調出溫和的中式風味。
以海帶芽提升水溶性膳食纖維的攝取量。

食材（1人份）

櫛瓜⋯⋯⅓根（切圓形薄片）
A｜乾燥海帶芽⋯⋯1小匙
｜雞湯粉⋯⋯⅓小匙
｜鹽·胡椒⋯⋯各少許

作法

1 將櫛瓜鋪於可微波的盤子
上，封好保鮮膜，微波加熱
40秒。趁溫熱時加入**A**拌
勻，等海帶芽吸收水分泡開
後，瀝掉湯汁即可。

綠色蔬菜

涼拌芝麻高麗菜

高麗菜利用微波加熱，水溶性維生素不會
流失，可以攝取到更完整的營養。

醣類
2.9g
73kcal

食材（1人份）
高麗菜……2片
A｜芝麻油……½小匙
　｜鹽……少許
　｜白芝麻……1小匙

------------ 變化版 ------------
將鹽分再減量，加1小撮鹽昆布一起
拌，增添不同風味。

作法
1 將高麗菜切成方便食用的大
小，放到可微波容器內，蓋
好保鮮膜後，微波加熱1分
鐘。稍微冷卻後，用紙巾包
起來，拭去多餘水分。

2 將高麗菜和A一起放入碗中
攪拌均勻。

烹調3分鐘

雞湯蒸高麗菜

香腸的脂肪香味讓美味更上層樓。
在盛裝入便當時要將湯汁仔細瀝乾。

醣類
3.6g
84kcal

食材（1人份）
高麗菜……2片（切成一口大小）
德國香腸……1根（斜切一半）
高湯粉……¼小匙
粗黑胡椒粉……少許

------------ 變化版 ------------
不微波，改用1/2小匙的橄欖油拌
炒，或用鹽及胡椒調味也好吃。

作法
1 將高麗菜、香腸及高湯粉放
入可微波容器中，封好保鮮
膜，微波加熱2分鐘後取出
拌勻。

2 待稍微冷卻後，用紙巾包起
來，拭去多餘的水分，再撒
黑胡椒粉調味。

烹調5分鐘

辣油拌青菜菇菇

用椒麻的辣油，讓整體風味更強烈。
加入鴻喜菇提升膳食纖維量。

醣類
1.0g
28kcal

食材（1人份）
青江菜……⅓把
（切成一口大小）
鴻喜菇……⅓包
（切掉根部後弄散）
A｜醬油・辣油……各少許

作法
1 將青江菜及鴻喜菇放入可微
波容器中，封好保鮮膜，微
波加熱50秒。

2 待稍微冷卻後，用紙巾包起
來，拭去多餘水分，加入A
拌勻即可。

烹調3分鐘

烹調3分鐘

柴魚拌蘆筍

在用微波爐加熱就很美味的蘆筍中，
拌入大量柴魚片增加鮮味。

醣類
1.0g
16kcal

食材（1人份）

蘆筍……2根
A｜柴魚片……適量
　｜醬油……少許

-------- 變化版 --------
也可以加入少許的白芝麻、美乃滋
及醬油拌勻。

作法

1 蘆筍削除根部硬皮後，切3
　或4等分。封好保鮮膜，微
　波加熱50秒。
2 將1和A放入碗中一同攪拌
　均勻。

生火腿蘆筍捲

生火腿本身帶有鹹度，不需要再另外調味，
加一點橄欖油提味就能美味享用。

醣類
0.9g
27kcal

食材（1人份）

蘆筍……2根
生火腿……2片

-------- 變化版 --------
也可以使用甜椒、櫛瓜或杏鮑菇來
取代蘆筍。

作法

1 蘆筍削除根部硬皮後，對半
　切成2段。
2 攤開生火腿，放上2段蘆筍
　後捲起來，放進烤箱烤3分
　鐘。盛裝前可再切成個人喜
　好的大小。

烹調5分鐘

烹調3分鐘

辣味美乃滋拌四季豆

將黃芥末和美乃滋拌在一起，
做出大人風味的涼拌菜。
沒有微波爐也可以改用水汆燙。

醣類
2.1g
31kcal

食材（1人份）

四季豆……5根
A｜美乃滋……½小匙
　｜醬油……½小匙
　｜黃芥末醬……少許

-------- 變化版 --------
黃芥末也可以換成柚子胡椒或是一
味辣椒粉。

作法

1 四季豆泡一下水後取出，放
　在可微波容器中（不瀝乾水
　分），封好保鮮膜，微波加
　熱50秒。稍微冷卻後，切成
　約3公分的長段。
2 在碗中將A拌勻後，再加入
　四季豆拌勻。

綠色蔬菜

烹調3分鐘

梅乾拌秋葵

醣類 **1.0g**
25kcal

將秋葵與弄碎的酸梅肉拌一拌就完成。
秋葵含有豐富的水溶性膳食纖維。

材料（1～2人分）

秋葵……5～6根

A｜ 酸梅……⅓顆（去籽）
　｜ 橄欖油……少許

白芝麻……少許

------ 變化版 ------
微波加熱過的秋葵，也可以改拌少許昆布絲及醬油。

作法

1　秋葵去蒂後切成3等分，放入可微波容器中，封好保鮮膜，微波加熱40秒。

2　趁熱加入**A**攪拌均勻，最後撒上白芝麻即完成。

櫻花蝦炒秋葵

醣類 **0.9g**
39kcal

加入櫻花蝦增加口感，
也有助於補充鈣質。

食材（1人份）

秋葵……5～6根

櫻花蝦……1小撮

料理酒……½小匙

鹽・胡椒……各少許

芝麻油……少許

------ 變化版 ------
用切成絲的火腿或培根取代櫻花蝦，跟秋葵一起拌炒。

作法

1　秋葵去蒂後斜切成一半。

2　在平底鍋中倒入芝麻油熱鍋，加入秋葵和櫻花蝦拌炒。炒至油亮時加入料理酒，待秋葵熟透後，以鹽及胡椒調味即可。

烹調4分鐘

烹調4分鐘

醬炒甜豆

醣類 **4.0g**
42kcal

可以享受到清脆口感的拌炒甜豆，
只需要簡單的調味就好吃。

食材（1人份）

甜豆……6個

醬油……少許

橄欖油……½小匙

------ 變化版 ------
也可以換成荷蘭豆或斜切成條的蘆筍，用相同方法拌炒。

作法

1　將甜豆的粗筋撕除。

2　在平底鍋中倒入橄欖油熱鍋，加入甜豆拌炒，炒熟後淋醬油調味即完成。

烹調3分鐘

青醬山茼蒿

糖類
0.9g
101kcal

富含β-胡蘿蔔素及維生素C的山茼蒿，
以微波加熱的方式，更能減少養分的流失。

食材（1人份）

山茼蒿……70g（切段）

A｜核桃……2顆（搗碎）
｜起司粉……½大匙
｜橄欖油……½小匙

-------- 變化版 --------
用少許柴魚片及醬油取代A，便能
搖身一變成和風口味。

作法

1 將山茼蒿撕去外層粗纖維
後，放入可微波容器中，封
好保鮮膜，微波加熱30～40
秒後，取出泡冷水，再將水
分瀝乾。

2 將山茼蒿和**A**放入碗中均勻
攪拌。

醬炒獅子唐青椒

糖類
2.0g
38kcal

越嚼越有味道的獅子唐青椒，很適合用來填
補便當空隙，搭配雞肉或魚類料理都對味。

食材（1人份）

獅子唐青椒……4根
（用竹籤戳洞）

A｜醬油……½小匙
｜味醂……½小匙
沙拉油……½小匙

-------- 變化版 --------
簡單用芝麻油炒過後，撒點鹽調味就
很好吃。

作法

1 平底鍋中倒入沙拉油熱鍋，
放入獅子唐青椒拌炒。炒軟
後加入**A**拌勻。

烹調4分鐘

烹調5分鐘

荷蘭豆炒蛋

糖類
0.8g
100kcal

蛋白質不夠時的推薦菜色，
鮮豔的色彩，讓便當看起來更加豪華。

食材（1人份）

荷蘭豆……7個（去粗筋）
蛋……1顆（打散成蛋液）
鹽・胡椒……各少許
沙拉油……½小匙

-------- 變化版 --------
荷蘭豆可以換成甜豆或是汆燙過的
菠菜。

作法

1 在平底鍋中倒入沙拉油熱
鍋，加入荷蘭豆翻炒。

2 待全體炒至油亮後倒入蛋
液，一邊拌炒一邊加入鹽及
胡椒調味。

111

紅·黃·紫色蔬菜

顏色鮮豔的蔬菜，富含β-胡蘿蔔素及維生素，不僅可以提升代謝，也能讓便當的色彩更加繽紛。

將高醣的蜂蜜控制在最少量
味噌芥末拌胡蘿蔔

冷藏4日　冷凍2週	微波加熱

食材（6餐份）

胡蘿蔔……1根
A｜味噌……2小匙
　｜醋……1小匙
　｜芥末籽醬……1小匙
　｜蜂蜜……½小匙
　｜沙拉油……½小匙

作法

1 將胡蘿蔔切成約4公分的長條狀，稍微汆燙至熟後瀝乾。

2 在碗中將**A**拌勻後，再加入胡蘿蔔一同翻拌。

1 餐份
醣類
2.9g
22kcal

用低醣低卡的蒟蒻絲增加分量
滷胡蘿蔔蒟蒻絲

冷藏3～4日　不可冷凍

食材（6餐份）

胡蘿蔔……¼根
蒟蒻絲……200g
油豆腐……1片（淋熱水去油）
A｜和風高湯粉……¼小匙
　｜醬油……1大匙
　｜味醂……½大匙
　｜水……¼杯
沙拉油……½小匙

作法

1 將胡蘿蔔、油豆腐切成約4公分的長條狀，蒟蒻絲切成方便食用的長度。汆燙1～2分鐘後，瀝乾。

2 在平底鍋中倒入沙拉油熱鍋，加胡蘿蔔翻炒至整體油亮後，放蒟蒻絲及油豆腐略微拌炒，再加入**A**，持續煮到收汁即可。

1 餐份
醣類
1.5g
29kcal

使用削皮器，輕鬆削出美麗薄片
胡蘿蔔油醋沙拉

冷藏3～4日　不可冷凍

食材（6餐份）

胡蘿蔔……1根
A｜鹽……略少於¼小匙
　｜橄欖油……1大匙
　｜醋……1大匙
　｜胡椒……少許
巴西里碎……少許

作法

1 將胡蘿蔔用削皮器削成緞帶般的薄片。

2 將**A**放入碗中均勻攪拌後，加胡蘿蔔片拌勻，再撒上巴西里碎。

1 餐份
醣類
2.0g
30kcal

添加小松菜提升 β-胡蘿蔔素
繽紛沙拉

冷藏2～3日　不可冷凍

食材（6餐份）

胡蘿蔔……½根（切絲）
黃甜椒……½顆（切絲）
小松菜……2～3株
A｜白芝麻……½大匙
　｜芝麻油……½大匙
鹽……適量

作法

1 將胡蘿蔔、黃甜椒稍微汆燙後，取出瀝乾。再用同一鍋水汆燙小松菜，撈起瀝乾後，切成方便食用的長度。

2 在碗中將A拌一拌，放入食材拌勻後，加鹽調味。

1餐份
醣類
1.7g
24kcal

和西式或中式料理的味道都很搭
法式涼拌蘿蔔絲

冷藏3～4日　不可冷凍

食材（6餐份）

白蘿蔔……5公分圓段（切絲）
胡蘿蔔……½根（切絲）
鹽……適量
A｜魚露醬……½大匙
　｜檸檬汁……½大匙
　｜砂糖……¾小匙
　｜紅辣椒……適量
　｜（切小圓片）

作法

1 將白蘿蔔、胡蘿蔔及少許鹽一起放入塑膠袋中，稍微按壓搓揉，靜置10分鐘出水後，瀝乾。

2 在碗中將A拌勻後，加入食材拌勻。若味道太淡，可以撒少許鹽巴調味。

1餐份
醣類
2.4g
14kcal

以高膳食纖維的羊栖菜畫龍點睛
甜椒胡蘿蔔羊栖菜沙拉

冷藏3日　不可冷凍

食材（6餐份）

紅甜椒……½顆（切絲）
胡蘿蔔……½根（切絲）
乾燥羊栖菜……3大匙
（用溫水泡開）
A｜麵味露（3倍濃縮）
　｜……1大匙
　｜美乃滋……1½大匙
　｜白芝麻……1小匙

作法

1 將紅甜椒、胡蘿蔔稍微汆燙後，取出瀝乾。再用同一鍋水汆燙羊栖菜，取出瀝乾。

2 在碗中將A均勻攪拌之後，加入食材拌勻。

1餐份
醣類
2.5g
40kcal

透過熬煮帶出番茄的甜味
醬滷小番茄四季豆

冷藏3日　冷凍2週　｜　微波解凍後煮滾

食材（6餐份）

小番茄……10顆（去蒂）
四季豆……6個（斜切一半）
洋蔥……½顆（切絲）
砂糖……1小撮
水……2大匙
鹽……適量
橄欖油……1大匙

1 餐份
醣類
3.0g
34kcal

作法

1 在平底鍋中倒入橄欖油熱鍋，放入四季豆、洋蔥，拌炒至油亮後，加小番茄、砂糖和水，蓋鍋蓋熬煮5分鐘。

2 掀開鍋蓋，轉大火煮至收汁，再以鹽調味即可。

最適合填補便當空隙的配菜
和風醬漬鹽昆布小番茄

冷藏4日　不可冷凍

食材（6餐份）

小番茄……12顆（用竹籤穿洞）
A｜鹽昆布……略多於1大匙
　｜水（水溫約70度）
　｜……3大匙
　｜醬油……1大匙

1 餐份
醣類
2.3g
12kcal

作法

1 將**A**放入保存容器中拌勻後，放入小番茄，醃泡至少一個晚上。

----------- 變化版 -----------
裝進便當後，可以撒少許白芝麻增加香氣。

用濃醇的鹽麴豐富味蕾
鹽麴甜椒沙拉

冷藏3日　不可冷凍

食材（6餐份）

紅甜椒·黃甜椒……各¼顆
　（切2公分塊狀）
蕪菁……1顆
　（去除葉子後切扇形）
小黃瓜……1根（切圓薄片）
鹽麴……2小匙

1 餐份
醣類
2.2g
12kcal

作法

1 在蕪菁和小黃瓜上撒少許鹽（分量外），靜置10分鐘出水，再以紙巾拭乾。

2 在碗中加入甜椒、蕪菁、小黃瓜和鹽麴，攪拌均勻即可。

含醣量高的玉米筍就用來點綴便當

奶油醬炒玉米筍

冷藏3日　不可冷凍

食材（6餐份）

玉米筍……12根
奶油……1小匙
醬油……1小匙
鹽・粗黑胡椒粉……少許
橄欖油……1小匙

作法

1 在平底鍋中放入橄欖油和奶油，熱鍋後，加入玉米筍翻炒。

2 炒到玉米筍略微上色後，加醬油和鹽調味，起鍋前再撒上黑胡椒粉。

1 餐份
醣類
0.8g
18kcal

加西洋芹及魩仔魚提升口感

甜椒芹菜炒魩仔魚

冷藏3日　不可冷凍

食材（6餐份）

黃甜椒……1顆
西洋芹……1根（去除葉子）
魩仔魚……2大匙
A｜醬油……1½小匙
　｜料理酒……1小匙
　｜味醂……½小匙
白芝麻……適量
芝麻油……½大匙

作法

1 黃甜椒跟西洋芹切成差不多長度的細絲。

2 在平底鍋中倒入芝麻油熱鍋，加入黃甜椒、西洋芹和魩仔魚，略微拌炒至表面油亮後，加入**A**炒至收汁。若味道太淡，可另外加少許鹽（分量外）調味，最後再撒上白芝麻拌勻即可。

1 餐份
醣類
1.9g
27kcal

只要控制好分量，高醣的南瓜也OK

印度風味南瓜

冷藏4日　冷凍2週　　微波加熱

食材（6餐份）

南瓜……⅛小顆
A｜咖哩粉……⅓小匙
　｜鹽……少許
橄欖油……½大匙

---------- 變化版 ----------
用辣椒粉取代咖哩粉，做成香辣開胃的辣味南瓜。

作法

1 將南瓜切成約2公分的塊狀，放入可微波容器中，封好保鮮膜，微波加熱2分30秒。

2 在平底鍋中倒入橄欖油熱鍋，加入南瓜，拌炒至表面油亮後，以**A**調味。

1 餐份
醣類
4.3g
33kcal

紅·黃·紫色蔬菜

微波鎖住水分，保有多汁口感

蒸茄子拌火腿洋蔥沙拉

冷藏2～3日　不可冷凍

食材（6餐份）

圓茄子……3條

（對半橫切再縱切6等分）

火腿……3片（切0.5公分寬長條）

洋蔥末……2大匙

A｜橄欖油……1大匙
　｜醋……1小匙
　｜鹽……⅙小匙

作法

1 將茄子皮朝上，放在可微波的盤子上，封好保鮮膜，微波加熱3分50秒～4分鐘，取下保鮮膜冷卻。

2 將洋蔥稍微泡水後瀝乾。在碗中將洋蔥和A拌勻，再放入茄子和火腿拌勻。

1 餐份　醣類　1.2g　37kcal

利用芝麻粉的吸水特性保留水分

芝麻醋醃茄子

冷藏3～4日　不可冷凍

食材（6餐份）

圓茄子……2條（切1公分圓片）

A｜醬油·醋……各2小匙
　｜白芝麻……1大匙

芝麻油……1大匙

作法

1 在平底鍋中倒入芝麻油熱鍋，放入茄子拌炒至變色後取出。

2 在碗中將A拌勻後，加入茄子一起翻拌。

1 餐份　醣類　1.1g　36kcal

裝入便當前要先瀝乾湯汁

梅乾醃茄子

冷藏3～4日　不可冷凍

食材（6餐份）

圓茄子……3條

酸梅……1大顆（去籽後切碎）

A｜水……2～3大匙
　｜醋……1大匙
　｜醬油……2小匙
　｜砂糖……1小匙

沙拉油……適量

────── 變化版 ──────
裝入便當後，撒一些切碎的紫蘇葉，讓色彩與香氣再加分。

作法

1 茄子縱切對半後，在表皮上斜劃細切痕，再切成4等分。

2 將A放入可微波容器中，微波加熱1分30秒。

3 在平底鍋中倒約2公分深的沙拉油，加熱至170度後，放入茄子，炸約2分鐘後撈起瀝油，泡入2當中，再撒上酸梅肉即完成。

1 餐份　醣類　2.0g　52kcal

減少甜味調味料控制醣量
蠔油炒茄子

冷藏2～3日　不可冷凍

食材（6餐份）

圓茄子……3條（切滾刀塊）
青椒……2顆（切滾刀塊）
A｜醋……1½大匙
　｜醬油……½大匙
　｜蠔油……½大匙
　｜砂糖……1小匙
芝麻油……1大匙

作法

1 在平底鍋中倒入芝麻油熱
　鍋後，放入茄子和青椒略
　為拌炒。

2 炒熟後，加入**A**攪拌均勻
　即可。

--------- 變化版 ---------
也可以用糯米椒或長蔥取代青椒，
再撒一點白芝麻增加香氣。

1 餐份
醣類
2.5g
37kcal

富含蔬菜鮮甜的茄汁燉菜
西西里燉菜

冷藏3～4日　冷凍2週　　微波加熱

食材（6餐份）

圓茄子……1條（切2公分塊狀）
洋蔥……¼顆（切2公分片狀）
黃甜椒……¼顆（切2公分片狀）
A｜番茄碎罐頭
　｜……½罐（200g）
　｜醋……1小匙
　｜砂糖……½小匙
鹽・胡椒……各少許
橄欖油……1大匙

作法

1 在平底鍋中倒入橄欖油熱
　鍋，放洋蔥和茄子，拌炒
　到洋蔥呈半透明後，加入
　黃甜椒和**A**，持續煮至收
　汁，最後以鹽和胡椒調味
　即可。

1 餐份
醣類
2.6g
33kcal

以漂亮的淡紫幫便當增色
醋漬紫洋蔥

冷藏4日　不可冷凍

食材（4餐份）

紫洋蔥……½顆
（切2～3公分片狀）
A｜醋……1½大匙
　｜砂糖……1½小匙
　｜鹽……⅓小匙
　｜水……¼杯

作法

1 將**A**和紫洋蔥放入鍋中，
　開火煮至沸騰後，一邊攪
　拌一邊持續加熱1分鐘。
　最後連同湯汁一起裝入保
　存容器中。

＊使用微波爐也OK。將A放入可微波容器中，封好保鮮膜加熱1分鐘後，放
　入洋蔥一起均勻攪拌，再加熱2分鐘。

1 餐份
醣類
3.1g
15kcal

紅·黃·紫色蔬菜

需要花費長時間煮熟的蔬菜，先用微波加熱縮短調理時間。含醣量高的南瓜及番茄，只要少量攝取就OK。

紫蘇番茄沙拉

醣類
3.1g
22kcal

加入大量生薑和紫蘇的清爽香氣，
記得在裝進便當前先瀝乾湯汁。

食材（1人份）

小番茄……3顆

A｜薑末……少許
　｜青紫蘇……2片（切碎）
　｜醬油·醋……各½小匙
　｜柴魚片……1小撮

作法

1 將小番茄去蒂後，用竹籤在表面戳洞。

2 將1放入碗中，和A一起攪拌均勻。

烹調4分鐘

番茄起司炒蛋

醣類
3.1g
138kcal

加入起司讓味道更有層次，
也可以搭配菇類等低卡食材一起炒。

食材（1人份）

小番茄……3顆（縱切半）

雞蛋……1顆

牛奶……1小匙

A｜披薩用起司……1大匙
　｜鹽·胡椒……各少許

沙拉油……½小匙

作法

1 將蛋、牛奶放入碗中打成蛋液，加入A攪拌均勻。

2 在平底鍋中倒入沙拉油，熱鍋後，倒進1的蛋液及小番茄。一邊慢慢攪拌，一邊將蛋炒熟。

烹調5分鐘

櫻桃蘿蔔高麗菜沙拉

醣類
2.1g
39kcal

將櫻桃蘿蔔連皮一起切開，讓色彩更豐富。
在涼拌之前要先將蔬菜的水分瀝乾。

食材（1人份）

櫻桃蘿蔔……2顆

高麗菜……½片
（切成一口大小）

A｜白芝麻……½大匙
　｜高湯粉……¼小匙
　｜鹽……少許

作法

1 將櫻桃蘿蔔的葉子去除後，切成6等分，與高麗菜一起氽燙後，撈起濾乾。稍微放冷後，用廚房紙巾包起來，拭乾水分。

2 在碗中將A和食材拌勻。

烹調6分鐘

烹調5分鐘

梅子蘿蔔

酸香的梅子，是整道料理的重點。
用削皮器將胡蘿蔔切成薄片，
縮短煮熟的時間。

醣類
2.4g

29kcal

食材（1人份）

胡蘿蔔……30g

A｜ 酸梅……½顆
　　（去籽後切碎）
　　柴魚片……少許

作法

1 將胡蘿蔔用削皮器削成薄片
　　後，用保鮮膜包起來，微波
　　加熱30秒後，瀝掉水分。

2 在碗中將**A**和胡蘿蔔片攪拌
　　均勻。

-------- 變化版 --------
將A改成橄欖油、醬油各1/2小匙，做
成不同的風味。

咖哩胡蘿蔔沙拉

胡蘿蔔的甜味和辛香的咖哩非常搭，
也很適合與雞肉等肉類料理一起吃。

醣類
3.3g

57kcal

食材（1人份）

胡蘿蔔……¼根（切扇形片）

A｜ 橄欖油……1小匙
　　咖哩粉……¼小匙

伍斯特醬‧鹽……各少許

作法

1 將胡蘿蔔放入可微波容器
　　中，加**A**拌勻後，封好保鮮
　　膜，微波加熱1分鐘。

2 趁還溫熱時，加入伍斯特醬
　　和鹽拌勻。

-------- 變化版 --------
也可以用麵味露、水各1/2小匙來取
代A，一樣微波加熱1分鐘。

烹調4分鐘

烹調5分鐘

金平甜椒

甜椒本身含醣較高，避免一次吃太多，
味醂也減量，讓醣類攝取量再降低。

醣類
3.7g

50kcal

食材（1人份）

紅甜椒……¼顆（切絲）

A｜ 醬油‧味醂……各½小匙
　　白芝麻……少許

芝麻油……½小匙

作法

1 在平底鍋中倒入芝麻油熱鍋
　　後，加紅甜椒翻炒。

2 炒至表面油亮後，加入**A**拌
　　勻即可。

-------- 變化版 --------
也可以改用橄欖油炒，或是用少量壽
司醋取代A調味。

紅·黃·紫色蔬菜

烹調5分鐘

橄欖油炒甜椒

醣類
2.0g
29kcal

用鹽、胡椒拌炒，襯托甜椒本身的甜味，
也很適合用來幫便當點綴色彩。

食材（1人份）

黃甜椒……¼顆
鹽·胡椒……各少許
橄欖油……½小匙

------ 變化版 ------
也可以用和風醬（柚子醋）代替
鹽、胡椒調味。

作法

1 將黃甜椒切成3公分大小的塊狀。

2 在平底鍋中倒入橄欖油熱鍋後，放入黃甜椒，炒到變軟後，加鹽及胡椒調味。

南瓜炒培根

醣類
4.3g
82kcal

活用培根的油花及鹹度調味，
南瓜醣類含量較高，要避免過量攝取。

食材（1人份）

南瓜（約0.7公分厚的薄片）
……1片
培根……½片（切粗絲）
鹽·胡椒……各少許
橄欖油……½小匙

------ 變化版 ------
將培根換成堅果碎，可以享受到不同的口感及香氣。

作法

1 將南瓜切成3等分後，放入可微波容器中，封好保鮮膜，微波加熱30秒。

2 在平底鍋中倒入橄欖油熱鍋後，放入培根，翻炒至油亮後，加入南瓜略微拌炒，最後以鹽和胡椒調味。

烹調5分鐘

和風芥末醬拌茄子

醣類
1.5g
12kcal

可以用微波爐輕鬆完成的一道涼拌菜。
趁還溫熱時加入調味料拌勻，更容易入味。

食材（1人份）

圓茄子……½條（切2公分塊狀）
A｜醬油……少許
　｜黃芥末醬……少許

------ 變化版 ------
也可以加柴魚片增添風味，或是撒一點白芝麻讓口感更有層次。

作法

1 將茄子放入可微波容器中，封好保鮮膜，微波加熱40～50秒後，用廚房紙巾包起來，拭去多餘的水分。

2 接著放入碗中與A攪拌均勻即完成。

烹調4分鐘

起司蒸茄子番茄

由茄子及小番茄交織而成的繽紛料理，
以起司及鹽巴增添美味。

醣類
2.7g
50kcal

食材（1人份）

圓茄子……½小條（切厚片）
小番茄……2顆（對半切）
鹽……少許
披薩用起司……1～2大匙

------ 變化版 ------
也可以改成在平底鍋中用橄欖油
煎，在起司融化前蓋上鍋蓋蒸熟。

作法

1 在可微波盤子裡鋪上烘焙
紙，將茄子跟小番茄直立交
錯擺放後，撒鹽巴和披薩用
起司。

2 封好保鮮膜，微波加熱1分
30秒～2分鐘。最後用湯匙
將融化的起司及番茄的湯
汁，淋回茄子上即完成。

烹調6分鐘

醃烤茄子

將烤過的茄子淋上麵味露，
吃起來像涼拌菜般的清爽口感。

醣類
2.2g
55kcal

食材（1人份）

圓茄子……½條
　（切成2公分圓片）
秋葵……1條（去蒂後對半斜切）
A│麵味露（3倍濃縮）
　│……1小匙
　│水……2小匙
柴魚片……適量
沙拉油……1小匙

作法

1 在平底鍋中倒入沙拉油，開中
小火熱鍋後，放入茄子，煎
到變色後翻面，加入秋葵一
起煎。

2 等茄子煎到中心變軟後，加
入A拌勻。放涼後瀝乾，再
撒上柴魚片即可。

烹調5分鐘

烹調5分鐘

甜醋照燒茄子

用甜醋及醬油調味，
很適合搭配口味清淡的主食。

醣類
3.4g
64kcal

食材（1人份）

圓茄子……½條（切滾刀塊）
薑……¼片（切絲）
A│醬油・醋……各1小匙
　│砂糖……½小匙
白芝麻……少許
沙拉油……1小匙

作法

1 在平底鍋中倒入沙拉油熱
鍋，放入茄子和薑拌炒。

2 待茄子炒軟後，加入A拌
勻，再撒上白芝麻即可。

白色蔬菜

白蘿蔔、蕪菁、洋蔥、長蔥、白菜等白色蔬菜，富含水分及甜味，非常適合製成醃漬物或是涼拌菜。

1餐份
醣類
3.6g
19kcal

1餐份
醣類
1.8g
47kcal

1餐份
醣類
1.6g
22kcal

用來轉換口味的解膩配菜

檸檬漬白蘿蔔

冷藏7日　不可冷凍

食材（6餐份）

白蘿蔔……¼根（切成棒狀）

A｜水……½杯
　｜醋……¼杯
　｜砂糖……1½大匙
　｜橄欖油……½大匙
　｜鹽……⅔小匙

檸檬片……1片

作法

1 將白蘿蔔及**A**放入鍋中拌勻，開中火煮到沸騰後，關火。

2 移至保存容器中放涼，放入檸檬片後，冷藏至少2小時即可。

和培根一同炒出誘人香氣

德式炒白蘿蔔

冷藏3日　冷凍2週　　微波加熱

食材（6餐份）

白蘿蔔……¼根
（切0.7公分長條狀）

培根……2片（切0.5公分小丁）

洋蔥……¼顆（切絲）

A｜鹽・胡椒……各少許

沙拉油……½大匙

作法

1 在平底鍋中倒入沙拉油熱鍋，放入白蘿蔔、培根、洋蔥拌炒。

2 炒到白蘿蔔略帶焦色後，加入**A**調味。

----------- 變化版 -----------
也可以用明太子取代培根及洋蔥，或是以料理酒及醬油進行調味。

用味道獨特的黑醋提升料理層次

黑醋醃蘿蔔黃瓜

冷藏2～3日　不可冷凍

食材（6餐份）

白蘿蔔……3公分長段
（切扇形薄片）

小黃瓜……1條（切圓薄片）

鹽……1小撮

A｜料理酒・黑醋
　｜……各1½大匙
　｜醬油……1½大匙
　｜水……1大匙

作法

1 將白蘿蔔、小黃瓜及鹽放入塑膠袋中，稍微按壓搓揉後，靜置10分鐘出水，再拭乾。

2 在可微波容器中將**A**拌勻，微波加熱1分30秒。趁還溫熱時加入**1**攪拌均勻即可。

使用刨絲器就能瞬間完成！

韓式涼拌白蘿蔔

冷藏3～4日　不可冷凍

食材（6餐份）

白蘿蔔……⅓根（切絲）

鹽……⅓小匙

芝麻油……1小匙

黑芝麻……適量

-------- 變化版 --------

也可加入切絲的紅心蘿蔔、櫻桃蘿蔔等涼拌，增加配色。

作法

1　白蘿蔔撒鹽，稍微搓揉後，靜置5分鐘出水，再拭去多餘水分。

2　接著放入碗中，加入芝麻油拌勻，再撒上黑芝麻。

1餐份
醣類
1.4g
19kcal

非常適合當成西式料理的配菜

醋漬白色花椰菜

冷藏7日　不可冷凍

食材（6餐份）

白色花椰菜……½顆

A｜醋……½杯

　｜水・白酒……各¼杯

　｜砂糖……2大匙

　｜鹽……½小匙

　｜月桂葉……1片

作法

1　將白色花椰菜分成小朵，稍微汆燙後，瀝乾多餘的水分。

2　在鍋內將**A**煮至沸騰後，加入1煮熟後，連同湯汁一起放入保存容器中。

1餐份
醣類
4.0g
28kcal

用蕪菁葉增加維生素及色彩

花椰蕪菁沙拉

冷藏2～3日　不可冷凍

食材（6餐份）

白色花椰菜……½顆

蕪菁……1小顆

（切成厚約0.3公分的半月狀）

蕪菁葉……適量

鹽……少許

A｜醬油……2小匙

　｜蠔油……2小匙

　｜醋・芝麻油……各1小匙

　｜白芝麻……適量

　｜鹽・胡椒……各少許

作法

1　白色花椰菜分成小朵，放入滾水中燙熟後撈起。接著燙蕪菁葉，撈起後瀝乾，切成3公分小段。

2　將蕪菁和鹽放入塑膠袋中，稍微按壓搓揉，靜置10分鐘出水後，拭乾。

3　在碗中將**A**拌勻後，加入食材，翻拌均勻。

1餐份
醣類
1.6g
23kcal

吸飽豆腐精華的溫和滋味
醬滷蕪菁油豆腐

冷藏3～4日　冷凍2週　　微波加熱

食材（6餐份）

蕪菁……2顆
炸腐皮……1塊（淋熱水去油）
A｜高湯……1杯
　｜醬油……2小匙
　｜味醂……2小匙
　｜鹽……¼小匙

作法

1. 蕪菁保留一些莖的部分，切成厚約1公分的扇形。將油豆腐對半切後，再切成絲。
2. 將A和食材放入鍋內加熱，煮沸後轉小火，續煮5分鐘即可。

1 餐份
醣類
1.8g
26kcal

大火快炒，提升食材的香氣及甜味
柚子醋爆蔥

冷藏3～4日　不可冷凍

食材（6餐份）

長蔥……2根（斜切段）
青椒……1顆（縱切絲）
橘醋醬……略多於1½大匙
柴魚片……3g
芝麻油……1大匙

作法

1. 將芝麻油倒入平底鍋中熱鍋後，放入長蔥以及青椒拌炒。
2. 炒到長蔥略呈焦色後，淋上橘醋醬拌勻，再撒上柴魚片。

1 餐份
醣類
1.7g
32kcal

品嚐柔軟香甜的蔥味
白酒漬青蔥

冷藏3～4日　不可冷凍

食材（6餐份）

長蔥……2根（切2～3公分小段）
A｜白酒……3大匙
　｜鹽……¼小匙
粗黑胡椒粉……少許
橄欖油……1大匙

----------- 變化版 -----------
加入滾刀切塊的甜椒拌炒，可以讓色彩更豐富。

作法

1. 在平底鍋中倒入橄欖油熱鍋，放長蔥，炒到長蔥略呈焦色後，加入A，蓋鍋蓋轉小火，燜煎5分鐘。
2. 將長蔥連同湯汁一起裝入保存容器中，撒上黑胡椒粉即完成。

1 餐份
醣類
1.3g
40kcal

使用醣量低的美乃滋提升層次

白菜鮪魚沙拉

冷藏2～3日　不可冷凍

食材（6餐份）

白菜……⅛顆
鹽……⅔小匙
A｜美乃滋……1大匙
　｜水煮鮪魚罐頭……2罐
　｜（140g，稍微瀝乾湯汁）
　｜鹽……少許

作法

1 將白菜梗切成粗絲，葉子
　大致切成2公分寬。
2 接著和鹽一起放入塑膠袋
　中，稍微按壓搓揉，靜置
　15分鐘出水後，拭去多餘
　水分。
3 在碗中將A攪拌均勻後，
　加入白菜拌勻。

1餐份
醣類
1.1g
29kcal

散發清爽柑橘香氣的簡單漬物

柚漬白菜甜椒

冷藏4日　不可冷凍

食材（6餐份）

白菜……⅛顆
紅甜椒……¼顆（切絲）
鹽……⅔小匙
A｜昆布絲……1小撮
　｜日本柚子汁……適量
　｜日本柚子皮
　｜……¼顆（切絲）

作法

1 將白菜梗切成細絲，葉子
　大致切成2公分寬。
2 將白菜、紅甜椒及鹽一起
　放進塑膠袋，稍微按壓搓
　揉，靜置10分鐘出水後，
　拭去多餘水分。
3 將食材和A放入保存容器
　中攪拌均勻。

1餐份
醣類
1.4g
9kcal

活用小魚乾本身鹹度簡單調味

洋蔥炒小魚乾

冷藏3日　不可冷凍

食材（6餐份）

洋蔥……1顆
小魚乾……2大匙
A｜料理酒……1大匙
　｜醬油……½大匙
沙拉油……½大匙

---------- 變化版 ----------
也可以改用橄欖油炒洋蔥，或只加
鹽及胡椒調味。

作法

1 洋蔥縱切一半後，再橫切
　成約1公分寬的長條。
2 在平底鍋中倒入沙拉油熱
　鍋，放入洋蔥和小魚乾，
　拌炒到洋蔥軟化後，加入
　A，續炒至收汁。若味道
　太淡，再添加少許鹽（分
　量外）調味。

1餐份
醣類
2.4g
28kcal

白色蔬菜

時常拿來生吃，短時間就能煮熟的白色蔬菜。
搭配不同色系的酸梅、明太子或海苔，看起來多彩多姿。

烹調5分鐘

芥末籽醬拌蘿蔔

醣類 **3.7g**
46kcal

切成小方塊的外型增添可愛感。
使用少許甘甜味醂抑制醣類攝取量。

食材（1人份）

白蘿蔔……2公分段
（切1公分小丁）
A｜芥末籽醬・醬油・味醂
　｜……各½小匙
橄欖油……½小匙

作法

1 在平底鍋中倒入橄欖油熱鍋後，放白蘿蔔拌炒。
2 待白蘿蔔炒至半透明、略呈焦色後，加入**A**均勻攪拌。

梅香芝麻白蘿蔔沙拉

醣類 **2.0g**
24kcal

用梅乾本身的鹹度調味，
在純白的蘿蔔上點綴少許紅色。

食材（1人份）

白蘿蔔……2公分段（切絲）
鹽……少許
酸梅……⅓顆（去籽切碎）
白芝麻……少許

-------- **變 化 版** --------
用1大匙的鮪魚罐頭及美乃滋，取代梅乾及白芝麻，做成海鮮版本。

作法

1 塑膠袋中放入白蘿蔔及鹽，稍微按壓搓揉，靜置5分鐘出水，拭去多餘水分。
2 於碗中將白蘿蔔和酸梅攪拌均勻，再撒上白芝麻即可。

烹調7分鐘

烹調6分鐘

紅紫蘇涼拌蕪菁

醣類 **0.8g**
6kcal

漂亮的紅紫色成為便當的焦點，
幾乎沒有醣類和卡路里，非常適合當配菜。

食材（1人份）

蕪菁……½小顆（切半月薄片）
鹽……少許
紅紫蘇香鬆……少許

-------- **變 化 版** --------
若沒有紅紫蘇香鬆，也可改用柚子胡椒、白芝麻或芝麻油。

作法

1 在蕪菁上撒鹽後輕輕按壓，再用水沖洗，並拭乾多餘的水分。
2 和紅紫蘇香鬆一起放入碗中攪拌均勻。

起司白花椰菜

用起司粉提升整體風味，
讓溫和的白花椰更有層次。

醣類
1.0g
43kcal

食材（1人份）

白色花椰菜……1～2大朵
（縱切成0.7公分片狀）
鹽・胡椒……各少許
起司粉……½大匙
橄欖油……½小匙

作法

1 在平底鍋中倒入橄欖油熱鍋
後，放入白色花椰菜拌炒。

2 待炒至稍微出現焦色後，加
鹽和胡椒調味，最後撒上起
司粉。

烹調5分鐘

明太美乃滋花椰沙拉

醣類
1.2g
45kcal

拌入明太子，搖身一變為鮮豔的粉紅色，
成為一道顏色和口感極佳的配菜。

食材（1人份）

白色花椰菜……4小朵
（縱切對半）
A│明太子（撕去外層薄膜）
│……½小匙
│美乃滋……1小匙
│鹽……少許

作法

1 白色花椰菜放入滾水中燙熟
後，撈起並瀝乾多餘水分，
梗朝上放涼。

2 在碗中將**A**攪拌均勻後，放
入白色花椰菜一同拌勻。

烹調5分鐘

長蔥油豆腐串燒

醣類
3.4g
137kcal

烤過後香氣撲鼻的蔥和味噌是最強組合，
只放少量的砂糖，恰到好處的甜味。

食材（1人份）

長蔥……½根
（切3～4公分小段）
油豆腐……½小塊（對半切）
A│味噌……1小匙
│砂糖……少許

作法

1 將長蔥、油豆腐放到鋪好錫
箔紙的烤盤上，用烤箱烤約
8分鐘。

2 在食材的表面塗抹**A**醬汁
後，再次用烤箱稍微烤過，
以竹籤串成一串。

----------- 變化版 -----------
減少A的味噌，加入少許酸梅肉，
或是撒白芝麻都很好吃。

烹調10分鐘

白色蔬菜

烹調4分鐘

和風海苔拌白菜

白菜用微波爐加熱就OK。
成功的關鍵是用紙巾仔細擦乾水分。

醣類
1.6g
22kcal

食材（1人份）

白菜……1～2片（切絲）

A｜芝麻油・鹽……各少許
｜烤海苔……1片
（剪5公分方形）

-------- 變化版 --------
可以用各1/2小匙的醬油、醋及白芝麻，取代A調味。

作法

1 將白菜放入可微波容器中，封好保鮮膜，微波加熱1分鐘。稍微放冷後，用廚房紙巾包起來，拭乾多餘水分。

2 和A一起放入碗中攪拌均勻即可。

中華火腿炒白菜

白菜和火腿的味道意外合拍，
切成相同粗細後用芝麻油拌炒。

醣類
1.8g
69kcal

食材（1人份）

白菜……1～2片（切絲）

火腿……1片（切絲）

A｜雞湯粉……¼小匙
｜鹽……少許

芝麻油……1小匙

作法

1 將芝麻油倒入平底鍋中熱鍋後，放入白菜與火腿拌炒。

2 待白菜炒軟後，加入A一起攪拌均勻。

烹調5分鐘

鹽昆布拌豆芽

只要有鹽昆布，就不用煩惱如何調味！
和微波後的豆芽菜隨意拌一拌就是一道菜。

醣類
1.3g
40kcal

食材（1人份）

豆芽菜……¼袋

A｜鹽昆布……1小撮
｜芝麻油……少許
｜白芝麻……少許

-------- 變化版 --------
將一半的豆芽菜換成胡蘿蔔絲，或是添加鮪魚也OK。

作法

1 將豆芽菜放入可微波容器中，封好保鮮膜，微波加熱1分鐘後，用廚房紙巾包起來，拭去多餘水分。

2 和A一起放入碗中攪拌均勻即可。

烹調3分鐘

烹調10分鐘

洋蔥咖哩起司燒

足以成為便當焦點的可愛串燒。
濃郁的咖哩起司口味,吃起來超滿足。

醣類
3.9g
71kcal

食材(1人份)

洋蔥……¼顆
咖哩粉……⅛小匙
披薩用起司……1½大匙
巴西里碎……少許

-------- 變化版 ----------
改成塗抹味噌與美乃滋後再烤,便
是和風口味串燒。

作法

1　洋蔥切成0.5公分寬的片狀
　後,2片一組用竹籤串起,
　再用錫箔紙將竹籤包起來防
　止烤焦。

2　將洋蔥擺在鋪好錫箔紙的烤
　盤上,均勻撒咖哩粉及披薩
　用起司後,放入烤箱烤約8
　分鐘,直到表面略呈焦色,
　再撒巴西里碎。

柴魚美乃滋拌洋蔥

洋蔥味道甘甜,但醣分也相對較多,
適合搭配低醣料理一起食用。

醣類
3.6g
74kcal

食材(1人份)

洋蔥……¼顆(切絲)
A｜美乃滋……½大匙
　｜鹽……少許
　｜柴魚片……適量

作法

1　將洋蔥放入可微波容器中,
　封好保鮮膜,微波加熱40秒
　後取出。

2　將洋蔥的水分瀝乾後放入碗
　中,加入**A**拌勻。

烹調3分鐘

烹調5分鐘

醋漬蓮藕

蓮藕含醣量較高,但只要減少調味,
便能將醣分控制在適當攝取範圍內。

醣類
4.9g
24kcal

食材(1人份)

蓮藕(薄片)……4小片
壽司醋……1小匙

-------- 變化版 ----------
也可以將蓮藕換成蕪菁,抹鹽後靜
置10分鐘出水再瀝乾,用同樣方式
醃漬。

作法

1　將蓮藕放於可微波盤子上,
　兩面淋上壽司醋。封好保鮮
　膜,微波加熱40秒後放涼,
　再將湯汁瀝乾。

咖啡色蔬菜

竹筍、牛蒡等咖啡色系的蔬菜及香菇，富含可預防血糖急速上昇的膳食纖維，建議平常就多多攝取。

1 餐份
醣類
1.5g
76kcal

加入滿滿的鮮奶油卻意外低醣量
芥末奶油燉蘑菇

> 冷藏2～3日　不可冷凍

食材（4餐份）

蘑菇……8個（切薄片）
洋蔥……¼顆（切薄片）
白酒……1大匙
A｜鮮奶油……¼杯
　｜芥末籽醬……1小匙
鹽……適量
橄欖油……1小匙

作法

1 在平底鍋中倒入橄欖油熱鍋，加洋蔥炒軟後，再放入蘑菇、白酒拌炒。
2 加入A，續煮至收汁後，以鹽巴調味即可。

1 餐份
醣類
1.6g
33kcal

淋在飯上也十分美味
紫蘇綜合炒菇

> 冷藏3日　不可冷凍

食材（6餐份）

喜歡的菇類（舞菇、杏鮑菇、金針菇等）……共300g
青紫蘇葉……5～10片（切絲）
A｜醬油‧料理酒……各½大匙
　｜味噌……¾小匙
　｜鹽……1小撮
　｜胡椒……少許
沙拉油……1大匙

作法

1 將菇類的根部去除，弄散或切成方便食用的大小。
2 在平底鍋中倒入沙拉油熱鍋，加入菇類稍微拌炒，再加進拌勻的A。待整體炒熟後，撒上紫蘇拌勻。

1 餐份
醣類
1.8g
20kcal

混合多種菇類，讓味道更上一層樓
醬燒甜椒綜合菇

> 冷藏3日　不可冷凍

食材（6餐份）

喜歡的菇類（舞菇、鴻喜菇、香菇等）……共300g
黃甜椒……½顆
（切成約3公分塊狀）
A｜高湯……1½大匙
　｜醬油……1大匙
　｜砂糖……½小匙
　｜芝麻油……½小匙
　｜白芝麻……1小匙
鹽……適量

作法

1 將菇類的根部去除，弄散或切成方便食用的大小。
2 將菇類和甜椒放到鋪好錫箔紙的烤網上，用瓦斯爐稍微烤一下。
3 在保存容器中將A拌勻，放入烤熟的食材，再用鹽調味即可。

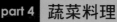

很適合當義大利麵醬的經典燉番茄

番茄燉菇

| 冷藏3日　冷凍2週 | 微波解凍 |

食材（6餐份）

喜歡的菇類（舞菇、鴻喜菇、金針菇等）……共200g
大蒜……1瓣（切末）
洋蔥……¼顆（切薄片）
番茄碎罐頭……½罐（200g）
鹽……¼小匙
巴西里碎……適量
橄欖油……½大匙

作法

1 將菇類的根部去除後剝散。在平底鍋中放入橄欖油、大蒜，開小火，待香氣出來後，放入菇類及洋蔥，轉中火翻炒。

2 略炒至食材油亮後，倒入番茄碎罐頭，轉小火燉7分鐘，再加鹽拌勻，撒上巴西里碎。

1 餐份
醣類
2.7g
27kcal

用水煮竹筍便能快速完成的料理

黑醋炒竹筍

| 冷藏3日　冷凍2週 | 微波解凍 |

食材（6餐份）

水煮竹筍……200g
A｜醬油……1大匙
　｜黑醋……½大匙
芝麻油……2小匙

作法

1 竹筍洗淨後，切成2～3等分，再縱切成薄片。

2 在平底鍋中倒入芝麻油熱鍋，放入竹筍片，略微拌炒至油亮後，加A調味。

1 餐份
醣類
1.0g
24kcal

清脆的口感及豐富的膳食纖維

牛蒡火腿沙拉

| 冷藏3日　不可冷凍 |

食材（6餐份）

牛蒡……½條（切4公分絲狀）
火腿……3片（切4公分絲狀）
醋……½大匙
A｜醬油……1小匙
　｜味醂……½小匙
B｜美乃滋……略多於1大匙
　｜白芝麻……½大匙

作法

1 將牛蒡放入鍋中，加醋和水到剛好淹過牛蒡後，開火，煮到偏好的軟硬度後撈起瀝乾。

2 趁牛蒡還溫熱時放入碗中，撒上A拌勻。放涼後再加火腿和B混合即可。

1 餐份
醣類
2.1g
42kcal

咖啡色蔬菜

菇類熟成的時間快，而且種類繁多，
活用金針菇、杏鮑菇或香菇來增加分量感！

烹調3分鐘

醬煮金針菇

一次吃掉半包也不怕，
可以盡情大快朵頤的好味道！

醣類 **3.2g** 17kcal

食材（1人份）
金針菇……½包
麵味露（3倍濃縮）……1小匙

------- 變化版 -------
不加入麵味露，直接微波加熱後，
用少許鹽及黑芝麻粉調味。

作法
1 將金針菇根部切除後對半切，再分散成小撮。
2 放入可微波容器後，淋上麵味露，封好保鮮膜，微波加熱1分鐘。取出後攪拌均勻，靜置放涼即可。

奶油乳酪咖哩金針菇

使用低醣的奶油乳酪進行調製，
透過辛香的咖哩粉提升風味。

醣類 **2.1g** 62kcal

食材（1人份）
金針菇……½包（50g）
白酒……1小匙
A 奶油乳酪……8g
　咖哩粉……¼小匙
　鹽……少許
橄欖油……½小匙

作法
1 金針菇去除根部後對半切，再剝散成小撮。
2 在平底鍋中倒橄欖油熱鍋，加入金針菇，略微翻炒到油亮後，加白酒煮到酒精蒸發，再加A攪拌均勻。

烹調5分鐘

烹調5分鐘

醬燒鴻喜菇

只需烤到香氣出現後拌入醬汁即完成，
是一道很適合搭配鮭魚等海鮮主食的配菜。

醣類 **1.0g** 28kcal

食材（1人份）
鴻喜菇……½包
（去除根部、剝散）
A 橄欖油……½小匙
　醬油……½小匙

作法
1 將鴻喜菇擺到鋪好錫箔紙的烤網上，烤到略呈焦色。
2 與A一起放入碗中拌勻。

------- 變化版 -------
也可以換成舞菇、香菇等其他菇類，
或是用柴魚醬油調味。

海苔炒杏鮑菇

Q彈有嚼勁的杏鮑菇,
在細嚼慢嚥中增加飽足感。

醣類
1.5g
33kcal

烹調5分鐘

食材（1人份）

杏鮑菇……1根
（對半橫切後再縱切薄片）
料理酒……1小匙
鹽‧青海苔……各少許
沙拉油……½小匙

作法

1 於平底鍋中倒入沙拉油熱鍋
後,放杏鮑菇,略微炒到油
亮後,加入料理酒續炒。炒
到略呈焦色後,以鹽調味,
再撒上青海苔拌勻即可。

----------- 變化版 -----------
杏鮑菇和蒜末及橄欖油一起炒,以鹽
與胡椒調味也很好吃。

梅子味噌舞菇

放進便當裡讓菜色變得更豐盛,
梅子味噌的味道十分開胃。

醣類
1.0g
24kcal

食材（1人份）

舞菇……½包
A 味噌……¼小匙
酸梅……3g（去籽切碎）
芝麻油……少許

----------- 變化版 -----------
完成後撒上芝麻或柴魚片,增加細
緻的風味。

作法

1 舞菇去除根部後剝散。擺入
可微波的盤子中,封好保鮮
膜,微波加熱1分鐘。
2 將A放入碗中混合後,加入
瀝乾的舞菇,再次拌勻。

烹調4分鐘

烹調10分鐘

焗烤香菇

將起司填入香菇傘面中烤,
享受宛如香菇披薩般的樂趣!

醣類
0.7g
96kcal

食材（1人份）

香菇……2朵（去蒂頭）
美乃滋……½大匙
披薩用起司……1½大匙
粗黑胡椒粉……少許

作法

1 在香菇傘面的底部上抹一層
美乃滋,再平均鋪上披薩用
起司後,放到鋪好錫箔紙的
烤盤上。
2 將香菇放烤箱烤6～8分鐘,
烤到起司融化後,撒黑胡椒
粉即可。

先備好就能隨時派上用場！

低醣的

拌飯菜 & 空隙食材

裝好便當後，才發現色彩太過樸素，或是配菜間出現空隙……
這時候，只要有這些常備食材，就能即刻派上用場。

拌飯菜

讓白飯升級，
色彩與風味UP！

只需撒少許在白飯上，就能
讓整個便當變得華麗。像佃
煮這類高醣類，味道又濃厚
的配菜反而會太過下飯，因
此這邊要推薦給大家，簡單
又能提升風味的食材。

青海苔

風味佳、擁有鮮豔的青綠色，適合在
綠色蔬菜較少時大展身手。

拌飯香鬆

準備幾種不同顏色或口味的香鬆，想
換口味或配色都很方便。

鹽昆布

一點點就能轉換口味，而且黑
色調搭配什麼色彩都不突兀。

芝麻

白、黑芝麻的使用頻率最高，
磨過的芝麻粉香氣也很誘人。

酸梅

鮮豔的紅色點綴效果十足，小
小一顆也不用擔心太過下飯。

蒸黑豆

黑色有強化便當色彩的效果，
非常適合搭配日式和風便當。

補空隙食材

填補空洞的同時，
也達到添色作用。

以低醣低卡的多彩蔬菜為
主，葉菜類還能達到分隔配
菜的作用。如果以醃漬物或
起司填補，也可以增加便當
的口感及香氣。

各類蔬菜

有著各種形狀的蔬菜，用來填補空隙非常便
利。像是蘆筍或秋葵等汆燙就能吃的蔬菜，也
不怕鹽分攝取超標。只要在便當裡加一點綠、
紅、黃色蔬菜，整體看起來就華麗許多。

醃漬物

口味多元的醃漬物，很適合用來解膩及填補
空隙。而且容易保存，趁假日做起來放在冰
箱，便隨時能派上用場。

迷你起司

最適合用來搭配漢堡排
等西式配菜。小方塊或
是圓球狀等不同形狀的
起司，放一兩顆就能提
升可愛感。

part 5

常備菜 & 10分鐘料理

蛋・大豆・蒟蒻料理

除了肉類或海鮮外，蛋和大豆製品也同樣是優質的蛋白質來源，
屬於含醣量低、高營養價值的健康食材。低卡路里的蒟蒻，也是
減重時期不可錯過的食材！

不論從營養層面或配色來看，蛋料理都是便當中不可或缺的存在。
事先做成常備菜，早上就可以輕鬆裝進便當！
水煮蛋吃起來分量感十足，可以多加活用。

1 餐份
醣類
1.1g
117kcal

加入毛豆增加咀嚼次數
毛豆起司玉子燒

冷藏2～3日　不可冷凍

食材（2餐份）

蛋……2顆

A 冷凍毛豆莢……4～5個
　　（解凍後取出豆仁）
　　牛奶……2大匙
　　起司粉……1大匙
　　鹽・胡椒……各少許

沙拉油……適量

作法

1 蛋在碗裡打散成蛋液後，
　加入A一起攪拌。

2 將沙拉油倒入玉子燒鍋中
　熱鍋後，倒入3分之1的蛋
　液，開始凝固後，把蛋捲
　至最上方，接著重覆2次
　相同步驟。

1 餐份
醣類
0.4g
93kcal

加強膳食纖維及鈣質的攝取量
魩仔魚海帶芽歐姆蛋

冷藏2～3日　不可冷凍

食材（4餐份）

蛋……4顆

乾燥海帶芽……2大匙

A 魩仔魚……3～4大匙
　　料理酒……2小匙

沙拉油……適量

作法

1 海帶芽在水裡泡開後，撈
　起瀝乾。蛋在碗裡打散成
　蛋液後，加入海帶芽與A
　拌勻。

2 在平底鍋中倒入沙拉油熱
　鍋後，倒入蛋液緩慢攪
　拌，再蓋鍋蓋燜煎。

3 蛋液煎至8分熟後，翻面
　續煎到上色，起鍋切成8
　等分。

1 餐份
醣類
3.0g
52kcal

用美麗的色彩為便當華麗加分
咖哩蛋

冷藏4日　不可冷凍

食材（8餐份）

水煮蛋……4顆（剝殼）

洋蔥……¼顆（切1公分小丁）

A 醋……¼杯
　　水……½杯
　　砂糖……2大匙
　　鹽……½小匙
　　咖哩粉……1小匙

月桂葉……1片

作法

1 將A放入可微波容器中，
　微波加熱2分鐘後取出，
　攪拌均勻，再加入洋蔥、
　水煮蛋、月桂葉。放涼後
　冷藏靜置一晚。

用甜豆取代秋葵也好吃
昆布醬油水煮蛋

冷藏2～3日　不可冷凍

食材（8餐份）
水煮蛋……4顆（剝殼）
秋葵……4支（去蒂）
A｜醬油·水……各1大匙
　｜砂糖……1小匙
　｜醋……¼小匙
　｜昆布……5公分小片

作法
1 秋葵快速汆燙過後，撈起瀝乾，斜切成一半。
2 將A放入可微波容器中，微波加熱40秒後，加入水煮蛋及秋葵，放涼後冷藏醃漬即完成。

1餐份
醣類
0.8g
44kcal

當主菜也不遜色的分量感
絞肉歐姆蛋

冷藏2～3日　不可冷凍

食材（3餐份）
蛋……2顆
牛豬混合絞肉……100g
洋蔥……¼顆（切碎）
青椒……1顆（切碎）
A｜鹽·胡椒……各少許
　｜番茄醬……2小匙
沙拉油……適量

作法
1 在平底鍋中倒沙拉油熱鍋後，加洋蔥炒軟，再放入絞肉炒至肉色變白，加青椒翻炒。最後再以A調味後放涼。
2 蛋在碗裡打散成蛋液，加入1攪拌均勻。
3 在平底鍋中倒沙拉油熱鍋後，倒入2，煎至半熟後對折。蓋鍋蓋，轉小火燜煎至全熟，取出放涼，再切成容易食用的大小。

1餐份
醣類
2.7g
161kcal

把食材包進豆皮裡煮熟即可
福袋蛋包

冷藏3日　冷凍2週　｜微波加熱｜

食材（4餐份）
蛋……4顆
油豆腐皮……2片（切半）
A｜高湯……1杯
　｜醬油·料理酒……各1大匙
　｜砂糖……½大匙

作法
1 依序將油豆腐皮撐開後，在中間打入一顆蛋，再用牙籤封住開口。
2 將A及1放入鍋中，蓋落蓋或鍋蓋煮沸後，轉小火煮12分鐘（中途要翻面）。

＊「落蓋」是燉煮時壓在食材上的小鍋蓋，可加速入味，也可以用烘焙紙剪成略小於鍋子的圓形後使用。

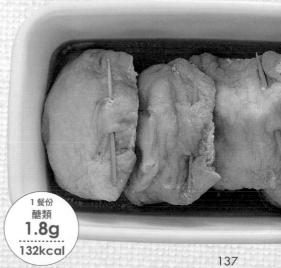

1餐份
醣類
1.8g
132kcal

137

蛋料理最大的特色，就是比肉或海鮮更快熟。
為了防止腐壞，便當菜用的蛋料理請確實煮到全熟。

烹調7分鐘

鳥巢蛋

在高麗菜絲中打蛋後蒸熟，
記得把蛋黃也煮到熟透。

醣類
0.5g
78kcal

食材（1人份）
蛋……1顆
高麗菜絲……少許（5～8g）
鹽・黑胡椒……各少許

------- 變化版 -------
也可以改用炒菠菜，或是鋪一片火
腿取代高麗菜。

作法
1 在直徑約10公分的厚錫箔紙
　杯上鋪一層高麗菜絲後，打
　入一顆蛋。
2 將1放入平底鍋中，倒水到
　約錫箔紙杯⅓杯高度後加熱。
　沸騰後轉中小火，蓋鍋蓋蒸
　約6分鐘，再撒鹽與黑胡椒
　調味。

韓風韭菜蛋煎餅

加入富含纖維的韭菜，
增加咀嚼次數帶出飽腹感。

醣類
0.7g
117kcal

食材（1人份）
蛋……1顆
韭菜……2根
A｜和風高湯粉……少許
　｜醬油……少許
白芝麻……少許
芝麻油……1小匙

------- 變化版 -------
依照個人喜好加點醋醬油，或是拌
入融化的起司也很好吃。

作法
1 蛋在碗裡打散成蛋液後，加
　入A一起攪拌。韭菜配合平
　底鍋的寬度切成適合大小。
2 在平底鍋中倒芝麻油熱鍋
　後，擺入韭菜。間隔約一次
　呼吸的時間，倒入蛋液，兩
　面煎熟後再切成略小於一口
　的大小，撒上白芝麻即可
　（也可以加辣椒絲）。

烹調7分鐘

烹調5分鐘

絞肉親子丼

雞絞肉加蛋，做成親子丼般的風味，
飽足感十足，配飯吃也非常美味。

醣類
3.4g
222kcal

食材（1人份）
蛋……1顆
雞絞肉……70g
蔥……5公分（斜切片）
A｜水……2大匙
　｜麵味露（3倍濃縮）
　｜……2小匙

作法
1 在小型平底鍋或是鍋子裡放
　入A、雞絞肉及蔥翻炒。待
　肉的顏色變白後，打入雞
　蛋，持續攪拌到熟透。

咖哩起司炒蛋

混合後稍微炒過即完成，
搭配蔬菜也很美味。

醣類
2.4g
139kcal

食材（1人份）
蛋……1顆
蘆筍……2根
A│麵味露（3倍濃縮）
　│……略少於1小匙
　│咖哩粉……少許
　│披薩用起司……½大匙
沙拉油……1小匙

作法
1 蛋在碗裡打散成蛋液後，加入**A**一起攪拌。蘆筍削除根部的硬皮後，斜切成薄片。
2 在平底鍋中倒入沙拉油熱鍋，放入蘆筍稍微拌炒後，倒入**1**的蛋液，慢慢翻炒至熟透即可。

烹調5分鐘

火腿蛋杯

以火腿當容器的可愛蛋杯料理，
簡單加點美乃滋調味就完成。

醣類
0.4g
143kcal

食材（1人份）
蛋……1顆
火腿……2片
美乃滋……1小匙
蔥花……少許

作法
1 蛋在碗裡打散成蛋液後，加入美乃滋一起攪拌。
2 將火腿塞入可微波的杯型模具中（模具尺寸需小於火腿），將其折成花瓣形狀後，倒入**1**。
3 輕輕封好保鮮膜，微波加熱40～50秒。取出後用筷子攪拌均勻，再次封上保鮮膜，每次加熱10秒，直到用竹籤戳入時不會沾黏蛋液。完成後從模具中取出，撒上蔥花即可。

烹調5分鐘

滷鵪鶉蛋

用麵味露滷至入味即完成，
保存期長達3天，可以多做一些備用。

醣類
1.7g
53kcal

食材（1人份）
水煮鵪鶉蛋……3顆
麵味露（3倍濃縮）……1小匙

作法
1 將鵪鶉蛋、麵味露放入較小的鍋子中，煮到收汁、入味即可。

烹調3分鐘

大豆・大豆製品

富含嚼勁、還能攝取到蛋白質的大豆料理，
在沒有肉或是海鮮時很適合派上用場。

1餐份
醣類
2.7g
96kcal

滷越久越入味
蘿蔔滷油豆腐

冷藏3～4日　不可冷凍

食材（6餐份）

油豆腐……2小塊（250～300g）
白蘿蔔…5公分段（切滾刀塊）

A｜高湯……1杯
　｜醬油……1大匙
　｜味醂・料理酒……各1大匙

作法

1 將油豆腐淋熱水去油後，
　切成一口大小。

2 在鍋中加入A、油豆腐及
　白蘿蔔，煮至收汁。

1餐份
醣類
0.9g
190kcal

用油豆腐增加口感與層次
沖繩風油豆腐炒苦瓜

冷藏3～4日　不可冷凍

食材（4餐份）

油豆腐……2小塊
（250～300g，淋熱水去油）
山苦瓜……1根
蛋……2顆（打散成蛋液）
鹽……⅓小匙

A｜醬油……½小匙
　｜鹽・胡椒……各少許

柴魚片……5g
芝麻油……1大匙

作法

1 苦瓜對半切，去籽後切成
　薄片，撒鹽輕輕按壓，再
　將水分瀝乾。

2 在平底鍋中加入1小匙芝
　麻油熱鍋後，將蛋液倒入
　鍋中，稍微攪拌後取出。

3 在2的平底鍋中再倒2小匙
　芝麻油，加入苦瓜稍微拌
　炒到油亮，放入切塊的油
　豆腐炒熟後，將2放回鍋
　中，加A及柴魚片拌勻。

1餐份
醣類
2.0g
131kcal

油豆腐非常適合用來拌炒
青蔥油豆腐

冷藏3～4日　不可冷凍

食材（4餐份）

油豆腐……2小塊（250～300g）
長蔥……½根（斜切薄片）

A｜伍斯特醬……1大匙
　｜醬油……½大匙
　｜咖哩粉……¼小匙

青海苔……少許
沙拉油……1小匙

作法

1 將油豆腐淋熱水去油後，
　對半切，再切成寬約1公
　分的塊狀。

2 平底鍋加入沙拉油熱鍋，
　放入油豆腐，煎到表面變
　脆後，加入長蔥拌炒。等
　油豆腐表面金黃上色後，
　用A調味，再撒上青海苔。

活用富含膳食纖維的蒸大豆
黃豆鮪魚檸檬沙拉

冷藏2～3日　不可冷凍

食材（4～6餐份）
蒸大豆……100g
四季豆……8根（去粗筋）
洋蔥……⅙顆（切碎）
A 水煮鮪魚罐頭
　　……1罐（70g）
　檸檬汁…½大匙
　鹽……⅓小匙
　橄欖油……2½大匙

作法
1 將 A 的鮪魚罐頭瀝乾湯汁。四季豆汆燙後，切成2公分長。洋蔥泡水後用廚房紙巾擦乾水分。
2 在碗中將 A 攪拌均勻後，加入四季豆、洋蔥及蒸大豆混合。

1 餐份
醣類
1.6g
93kcal

拌義大利麵或是夾麵包都好吃
番茄燉豆

冷藏4日　冷凍2週　　微波加熱

食材（6餐份）
蒸大豆……150g
大蒜……½瓣（切末）
洋蔥……½顆（切0.5公分塊狀）
雞絞肉……100g
A 番茄碎罐頭
　　……1罐（400g）
　高湯粉……1小匙
　白酒……1大匙
　鹽……略少於¼小匙
橄欖油……½大匙

作法
1 平底鍋中加入橄欖油及大蒜，開火，待香氣出來後，放洋蔥及雞絞肉，拌炒到肉色變白後，加入大豆及 A，炒到收汁即可。

1 餐份
醣類
3.8g
98kcal

用豆腐加絞肉來增加分量
凍豆腐肉醬

冷藏3～4日　冷凍2週　　微波加熱

食材（4餐份）
凍豆腐……2塊（30g）
混合絞肉……100g
大蒜……½瓣（切末）
洋蔥……¼顆（切末）
A 紅酒・水……各½杯
　番茄糊……2大匙
　高湯粉……½小匙
　鹽……¼小匙
　胡椒……少許
　月桂葉……½片
橄欖油……½大匙

作法
1 將凍豆腐泡熱水2分鐘，以清水沖洗降溫後瀝乾，並撕成小塊。
2 平底鍋中加橄欖油及大蒜，炒到香氣出來後，加入洋蔥及絞肉，炒到肉色變白，加入凍豆腐及 A 炒至收汁即可。

1 餐份
醣類
3.2g
154kcal

141

大豆‧大豆製品

大豆製品經過加工處理，在烹調上非常方便。挑選油豆腐時仔細確認成分表，挑選無添加含醣澱粉的類型。

烹調7分鐘

焗烤味噌油豆腐

富含蛋白質與礦物質的油豆腐。
油脂的香氣加上起司，
簡單烤過就令人食欲大開！

醣類
1.9g
282kcal

食材（1人份）
油豆腐……1小塊（150g）
A｜味噌……1小匙
　｜砂糖……少許
青紫蘇……2片（切絲）
披薩用起司……適量

作法
1 油豆腐淋熱水去油後，切成4等分，在表面塗抹一層拌勻的**A**。
2 放到鋪好錫箔紙的烤盤上，依序疊放紫蘇、披薩用起司後，放烤箱烤至起司融化。

醋味噌拌秋葵油豆腐

吸飽醋味噌的油豆腐入味好吃，
使用其他烤蔬菜取代秋葵也OK。

醣類
3.7g
264kcal

食材（1人份）
油豆腐……1小塊（150g）
秋葵……3根
A｜味噌……½大匙
　｜砂糖‧醋……各½小匙
　｜芝麻油……少許

作法
1 油豆腐切成骰子狀，秋葵去除蒂頭後斜切一半。
2 放到鋪好錫箔紙的烤盤上，放烤箱烤熟。
3 在碗中將**A**拌勻後，放入烤熟的**2**混合。

烹調8分鐘

烹調6分鐘

薑燒油豆腐

足以用來取代肉類的飽足口感，
可攝取到大豆中蘊含的各種抗氧化物質。

醣類
5.4g
273kcal

食材（1人份）
油豆腐……1小塊（150g）
A｜醬油……½大匙
　｜味醂……½大匙
　｜薑汁……½小匙
沙拉油……½小匙

作法
1 油豆腐淋熱水去油後，切成約1公分厚度。
2 平底鍋中倒入沙拉油熱鍋，放入油豆腐，煎到金黃上色後，加入**A**拌勻。

咖哩舞菇炒大豆

蒸大豆及舞菇的雙重膳食纖維，
在減重上也能發揮極大的功效。

醣類
2.4g
100kcal

食材（1人份）

蒸大豆……25g
舞菇……½包（剝散）
美乃滋……1小匙
A｜咖哩粉……少許
　｜料理酒……1小匙
　｜醬油……⅓小匙
　｜鹽……少許

作法

1 將美乃滋、舞菇放入平底鍋
中，開中小火拌炒均勻後，
加入蒸大豆及**A**，轉中火炒
熟即可。

烹調5分鐘

義式香煎雞汁豆腐

將低醣的凍豆腐烹調成義式風味。
以熱水將凍豆腐泡開，增加綿密口感。

醣類
1.0g
218kcal

食材（1人份）

凍豆腐……1塊（15g）
A｜蛋……1顆
　｜美乃滋……1小匙
　｜起司粉……1小匙
　｜高湯粉……¼小匙
鹽・胡椒……各少許
巴西里碎……少許
沙拉油……½小匙

作法

1 將凍豆腐泡熱水2分鐘後，用
清水沖洗降溫再瀝乾，切成
12等分的骰子狀。
2 在碗中將**A**攪拌均勻後，加入
凍豆腐，使其吸收蛋液。
3 平底鍋中倒入沙拉油熱鍋，放
入**2**的凍豆腐，煎到蛋液凝固
後，再次沾裹**2**的蛋液，放入
鍋中煎。用筷子壓看看，確認
沒有多餘水分後關火，加鹽、
胡椒調味，再撒巴西里碎。

烹調10分鐘

柚子胡椒拌大豆小松菜

小松菜用微波加熱縮短烹調時間，
也能減少養分流失，充分攝取到水溶性維生素。

醣類
1.8g
60kcal

食材（1人份）

蒸大豆……35g
小松菜……1株（切5公分長段）
A｜柚子胡椒……少許
　｜醬油……¼小匙

作法

1 將小松菜及蒸大豆放在可微波容
器中，封好保鮮膜，微波加熱1
分鐘後撈起，用廚房紙巾拭去多
餘水分。
2 將**A**放入碗中攪拌均勻後，加入
1混合。

烹調5分鐘

蒟 蒻

低卡高纖維的蒟蒻，是推薦大家積極攝取的食材，也可以用蒟蒻絲取代醣類含量高的麵類。

1 餐份
醣類
0.7g
36kcal

像是在吃拉麵般的口感
蒟蒻絲拉麵

冷藏3日　不可冷凍

食材（4餐份）

蒟蒻絲……200g

水煮鵪鶉蛋……2顆

A｜料理酒……2小匙
　｜醬油……1小匙
　｜雞湯粉……½小匙
　｜辣油……少許

叉燒肉……1～2片
（切成方便食用的大小）

蔥花……少許

芝麻油……1小匙

作法

1 蒟蒻絲微波加熱2分30秒，用水洗淨後，拭去多餘水分，切成容易食用的大小。

2 平底鍋中倒入芝麻油熱鍋，放入蒟蒻絲和鵪鶉蛋拌炒，以**A**調味後取出。將鵪鶉蛋切成一半，放到保存容器裡。

3 叉燒肉稍微煎過後放到**2**上，撒上蔥花。

1 餐份
醣類
0.2g
25kcal

用蒟蒻絲取代高醣義大利麵
明太子義大利麵風蒟蒻

冷藏3日　不可冷凍

食材（4餐份）

蒟蒻絲……200g

鱈魚子……1條
（去除薄膜後切一半）

荷蘭豆……3根
（去粗筋後汆燙）

奶油……½小匙

橄欖油……½小匙

作法

1 蒟蒻絲微波加熱2分30秒後，以水沖洗，再拭去多餘水分，並切成容易食用的大小。

2 將荷蘭豆切成2～3等分。

3 平底鍋中放入橄欖油、奶油熱鍋後，加入蒟蒻絲及鱈魚子，一邊炒一邊將鱈魚子弄散。若味道太淡，再適量加鹽（分量外）調味。最後放上荷蘭豆即完成。

1 餐份
醣類
2.9g
24kcal

低卡且富含膳食纖維
和風蒟蒻滷

冷藏3日　不可冷凍

食材（4餐份）

黑蒟蒻……1塊（250g）

A｜水……1杯
　｜柴魚片……3g
　｜砂糖……1大匙

B｜醬油・料理酒
　｜……各1大匙

作法

1 以擀麵棍拍打蒟蒻後，用湯匙將黑蒟蒻挖成一口大小。

2 在鍋中放入黑蒟蒻，加水到剛好淹過後，開火，煮沸後再續煮1分鐘，撈起瀝乾。

3 接著和**A**一起放入鍋中，煮到湯汁剩一半時，加入**B**續煮至收汁即完成。

滷雞里肌蒟蒻絲

清爽健康，而且具有飽足感，
還能夠攝取到膳食纖維。

糖類
4.9g
185kcal

食材（1人份）

蒟蒻絲……60～70g
雞里肌肉……80g
（去筋後，切成一口大小）
油豆腐……½塊
（對半橫切後切絲）
A 醬油‧味醂……各½大匙
　柴魚片……5g

作法

1 蒟蒻絲微波加熱1分30秒，
洗淨後拭去多餘水分，切成
容易食用的大小。

2 在可微波的碗中放入雞里
肌、**A**，輕輕按壓入味後，
加入油豆腐與蒟蒻絲拌勻，
封好保鮮膜，微波加熱2分
鐘，取出後再次拌勻即可。

烹調8分鐘

日式田樂蒟蒻

很適合用來轉換口味的便當配菜，
多出來的田樂味噌可以放在冷藏保存。

糖類
3.4g
33kcal

食材（1人份）

白蒟蒻……¼塊（50g）
日本柚子汁……½小匙
A 味噌……1小匙
　砂糖……略少於1小匙
　料理酒……½小匙
白芝麻……少許

作法

1 白蒟蒻切成1公分左右的厚
片，再對切成一半，表面劃斜
切紋，微波加熱1分鐘後洗
淨，再次加熱1分鐘，取出並
拭去水分，拌入柚子汁放涼。

2 將**A**拌勻後，微波加熱20秒，
取出後再次混合。

3 將白蒟蒻的水分瀝乾後，刷上
2的醬汁，撒上白芝麻即可。

烹調5分鐘

烹調6分鐘

蒟蒻排

讓低卡蒟蒻更好吃的關鍵，
就在於用蠔油調味。

糖類
1.2g
33kcal

食材（1人份）

黑蒟蒻……¼塊（60g，切厚片）
A 醬油……略少於½小匙
　蠔油……略少於½小匙
　料理酒……1小匙
粗黑胡椒粉……適量
蔥花……少許
沙拉油……½小匙

作法

1 黑蒟蒻兩面劃上格紋，微波
加熱2分鐘，取出後用水洗
過，以紙巾拭去多餘水分。

2 平底鍋中倒入沙拉油熱鍋
後，放入黑蒟蒻，一邊用鍋
鏟按壓一邊將兩面煎熟。煎
至表面稍微上色後，轉小
火，拌入**A**，再撒黑胡椒粉
及蔥花即可。

再多加一道菜！

常備菜 味噌湯與 10分鐘 湯品

想要得到身心的飽足，不可或缺的就是「湯」。事先準備好味噌球跟保溫湯杯的話，出門也能隨時享用！

事先做好OK

味噌球　加入熱水沖泡即可享用！

準備好味噌、高湯粉及喜歡的食材，再用保鮮膜包起來！選擇泡開就可以直接食用的乾燥食材，或是已經煮熟的食材，想喝湯時只要沖入熱水就可以得到美味湯品。

味噌球的基本作法

海帶芽蔥花味噌球

食材（1人份）
乾燥海帶芽……1〜2g
蔥花……少許
味噌……½大匙
高湯粉……¼小匙

作法

1 鋪上保鮮膜，放上測好分量的味噌。

2 將高湯粉撒在味噌上。

3 加入乾燥海帶芽與蔥花。

4 用保鮮膜包成球形，並用膠帶將開口處固定起來。

藻類
2.1g
22kcal

如果要冷凍的話，建議使用乾燥食材。在保持冷凍的狀態下帶出門，放到用餐時間剛好自然解凍完畢。

冷藏・冷凍保存都OK
如果是用乾燥食材製作，冷藏約可保存1週，其他食材大約是2〜3日；冷凍則可以保存2週左右。

只要用熱水沖泡即OK
將味噌球放入杯子或是碗中，並注入8分滿（大約¾杯）左右的熱水，將味噌攪拌溶解即可。

白蘿蔔腐皮味噌球

醣類 **2.4g** 55kcal

食材（1人份）

白蘿蔔……25g（切成長條薄片）
油豆腐皮……¼片
A 味噌……½大匙
　 和風高湯粉……¼小匙

作法

1 將油豆腐皮放入烤箱中烤到酥
　脆後，用廚房紙巾按壓拭去多
　餘油脂。
2 將白蘿蔔稍微汆燙。
3 將**A**依序放上保鮮膜，加入油豆
　腐皮、白蘿蔔並包成球形。

秋葵石蓴味噌球

醣類 **2.0g** 22kcal

食材（1人份）

秋葵……1根
乾燥石蓴……1小撮
A 味噌……½大匙
　 和風高湯粉……¼小匙

作法

1 將秋葵切除蒂頭，稍微汆燙至
　熟後，切丁。
2 將**A**依序放上保鮮膜，加入秋葵
　和石蓴後包成球形。

菠菜寒天味噌球

醣類 **1.8g** 24kcal

食材（1人份）

菠菜……⅓把（25g）
寒天絲……1小撮
A 味噌……½大匙
　 和風高湯粉……¼小匙

作法

1 將菠菜稍微汆燙過後，用冷水
　沖洗並瀝乾水分後，切成2公分
　大小。
2 將**A**依序放上保鮮膜，加入菠菜
　和寒天絲之後，包成球形。

舞菇韭菜味噌球

醣類 **1.5g** 17kcal

食材（1人份）

舞菇……20g
韭菜……2根
A 味噌……1小匙
　 雞湯粉……⅓小匙

作法

1 將舞菇弄散後，放入可微波盤
　子中蓋上保鮮膜，微波加熱1分
　鐘。將韭菜切成容易食用的長
　度後，放入可微波盤子中蓋上
　保鮮膜，微波加熱30秒。
2 舞菇和韭菜用廚房紙巾按壓掉
　多餘水分後，放上保鮮膜，加
　入**A**，包成球形。

手鞠麩海苔味噌球

醣類 **2.4g** 25kcal

食材（1人份）

手鞠麩（麵麩）……2小顆
烤海苔……¼片（撕碎）
A 味噌……½大匙
　 和風高湯粉……¼小匙

作法

將**A**依序放上保鮮膜，加入手鞠麩
和海苔之後，包成球形。

番茄味噌球

醣類 **4.3g** 32kcal

食材（1人份）

小番茄……3顆（去蒂）
A 味噌……½大匙
　 和風高湯粉……¼小匙

作法

將**A**依序放上保鮮膜，加入小番茄
之後，包成球形。

燜燒罐湯品　只需加熱1分鐘，趁熱倒入罐內即完成！

準備一個具有保溫功能的燜燒罐，想要喝熱湯就更方便了。
將食材稍微加熱後利用餘溫煮熟，在忙碌的早晨也能迅速完成。
添加各式食材的湯品，也能促進營養的均衡！

基本的燜燒罐湯品

番茄培根花椰菜湯

食材（1人份）
番茄……½顆（切塊）
綠色花椰菜……4小朵
培根……1片（切1公分小丁）
A｜水……¾杯
　｜高湯粉……¾小匙
鹽・胡椒……各少許

作法

1 將**A**加入鍋中。

2 放入番茄、花椰菜、培根，開火加熱。

3 煮至沸騰後轉小火，續煮1分鐘。

4 用鹽及胡椒調味後，趁熱倒入燜燒罐中。

薯類
4.3g
115kcal

早上花1分鐘快速煮過食材，再熱騰騰地倒入燜燒罐中，等到中午用餐時間，餘溫便會將湯中的食材煮熟，成為美味的湯品。

燜燒罐要先用熱水燙過

燜燒罐的溫度如果太低，湯倒進去後就會降溫，達不到燜燒的效果。因此，請記得事先用熱水將燜燒罐熱過，才能維持適當的溫度。

作法完全相同！不同食材的變化

蘿蔔白菜梅乾昆布湯

糖類 3.7g
23kcal

食材（1人份）
白蘿蔔……30g（切長薄片）
白菜……70g（切1公分小塊）
A│水……¾杯
 │酸梅……1顆（去籽）
 │昆布絲……1小撮

作法
1 將**A**、白蘿蔔、白菜放入鍋中，一邊將酸梅弄碎一邊加熱。
2 煮沸後轉小火，續煮1分鐘。若味道太淡，可添加少許醬油（分量外）調味。最後趁熱倒入燜燒罐中，蓋上蓋子即可。

咖哩油豆腐高麗菜湯

糖類 2.5g
93kcal

食材（1人份）
油豆腐……⅓小塊（切薄片）
高麗菜……1片（切小塊）
A│水……¾杯
 │高湯粉……¾小匙
 │咖哩粉……¼小匙
鹽……少許

作法
將**A**、油豆腐、高麗菜放入鍋中加熱，煮沸後轉小火，續煮1分鐘。最後用鹽調味，趁熱倒入燜燒罐中，蓋上蓋子。

日式豆乳蕪菁培根湯

糖類 4.1g
144kcal

食材（1人份）
蕪菁……1小顆（對半切後切薄片）
培根……1片（切成1公分小丁）
A│豆漿……½杯
 │水……¼杯
 │高湯粉……½小匙
鹽・胡椒……少許

作法
將**A**、蕪菁、培根放入鍋中加熱，煮沸後轉小火，續煮1分鐘。最後用鹽與胡椒調味，趁熱倒入燜燒罐中，蓋上蓋子。

小松菜鮪魚湯

糖類 2.1g
59kcal

食材（1人份）
小松菜……1株（切成1公分段）
水煮鮪魚罐頭……½罐
（35g，瀝乾）
A│水……¾杯
 │蠔油……½大匙
 │白芝麻……1小匙
鹽……少許

作法
將**A**、小松菜、鮪魚放入鍋中加熱，煮沸後轉小火，續煮1分鐘。最後用鹽調味，趁熱倒入燜燒罐中，蓋上蓋子。

青江菜海苔湯

糖類 1.3g
36kcal

食材（1人份）
青江菜……½把
蔥花……少許
A│水……¾杯
 │雞湯粉……½小匙
 │芝麻油……½小匙
 │白芝麻……少許
鹽……少許
烤海苔……¼片（撕碎）

作法
1 青江菜縱切成6等分後，再切成方便食用的大小。
2 將**A**、青江菜、蔥花放入鍋中加熱，煮沸後轉小火，續煮1分鐘。最後用鹽調味，趁熱倒入燜燒罐中，加入海苔，蓋上蓋子。

蘘荷蛋花湯

糖類 0.5g
83kcal

食材（1人份）
蘘荷……1～2顆
蛋……1顆（打散成蛋液）
A│高湯……¾杯
 │醬油……½小匙
鹽……少許

作法
1 蘘荷縱切一半後，再切成薄片。
2 將**A**、蘘荷放入鍋中加熱，並用鹽調味。煮沸後，將蛋液畫圓倒入，等蛋花浮上來後關火，趁熱倒入燜燒罐中，蓋上蓋子。

常見食材・調味料醣類速查表

除了本書中使用的主要食材外，也收錄許多經常使用的食材含醣量。

※未滿0.1g以「微量」表示。

肉類・加工肉品

食材名稱	分量	醣類
雞里肌肉	100g	0.0g
雞胸肉	100g	0.1g
雞腿肉	100g	0.0g
雞翅膀	100g	0.0g
豬肉片	100g	0.2g
豬腰肉	100g	0.3g
豬腿肉片	100g	0.2g
豬里肌肉片	100g	0.2g
牛肉片	100g	0.3g
牛肉絲	100g	0.5g
牛小腿肉	100g	0.0g
牛腿肉片	100g	0.5g
燒肉用牛肉片	100g	0.4g
牛豬混合絞肉	100g	0.2g
雞絞肉	100g	0.0g
豬絞肉	100g	0.1g
牛絞肉	100g	0.3g
德國香腸	2根（40g）	1.2g
生火腿	100g	0.5g
火腿	1片（10g）	0.1g
培根	1片（20g）	0.1g

魚類・魚加工品

食材名稱	分量	醣類
竹莢魚	1尾（90g）	0.1g
烏賊（槍烏賊）	1隻（210g）	0.2g
沙丁魚	1尾（55g）	0.1g
蝦（草蝦）	100g	0.3g
養殖鮭魚	100g	微量
天然鮭魚	100g	0.1g
鯖魚	150g	0.4g
秋刀魚	1尾（150g）	0.2g
章魚	100g	0.1g
生鱈魚	100g	0.1g
鰤魚	80g	0.2g
蒸帆立貝	100g	1.9g
劍旗魚	100g	0.1g
油漬沙丁魚	100g	0.3g
乾燥櫻花蝦	1大匙（3g）	微量
水煮鯖魚罐頭	1罐（200g）	0.4g
味噌鯖魚罐頭	1罐（200g）	13.2g
蒲燒秋刀魚罐頭	1罐（80g）	7.8g
鱈魚子	1/2片（35g）	0.1g
魩仔魚	1大匙（5g）	微量
水煮鮪魚罐頭	1罐（70g）	0.1g

蛋・乳製品

食材名稱	分量	醣類
水煮鵪鶉蛋	1顆（9g）	0.1g
雞蛋	M尺寸1顆	0.2g
牛乳	1杯（200ml）	10.1g
原味優酪乳	1杯（200ml）	10.3g
鮮奶油	1杯（200ml）	6.2g
奶油乳酪	25g	0.6g
起司粉	1大匙（6g）	0.1g
披薩用起司	25g	0.3g

蔬菜・根莖類蔬菜

食材名稱	分量	醣類
毛豆（冷凍）	50g	1.7g
秋葵	1根（8g）	0.1g
蕪菁	1顆（65g）	2.2g
南瓜	100g	17.1g
白色花椰菜	100g	2.3g
荷蘭豆	1個（2g）	0.1g
高麗菜	2小片（80g）	2.7g
小黃瓜	1根（100g）	1.9g
蘆筍	1根（16g）	0.4g
苦瓜	1條（170g）	2.2g
牛蒡	1/2條（100g）	9.7g
小松菜	100g	0.5g
番薯	1顆（200g）	60.6g
芋頭	100g	10.8g
四季豆	100g	2.7g

食材名稱	分量	醣類
獅子唐青椒	100g	2.1g
馬鈴薯	1顆（150g）	24.5g
山茼蒿	100g	0.7g
櫛瓜	100g	1.5g
甜豆	100g	7.4g
西洋芹	1根（65g）	1.4g
白蘿蔔	100g	2.7g
竹筍（水煮）	100g	1.7g
洋蔥	1/2顆（100g）	7.2g
青江菜	100g	0.8g
豆苗	100g	0.7g
番茄	1顆（150g）	5.6g
蔥	1根（60g）	3.5g
茄子	1根（70g）	2.0g
韭菜	25g	0.3g
胡蘿蔔	1/2根（90g）	5.7g
大白菜	1片外葉（150g）	2.9g
甜椒（紅）	1/2顆（70g）	3.9g
青椒	1顆（34g）	1.0g
綠色花椰菜	100g	0.8g
菠菜	100g	0.3g
日本水菜	100g	1.8g
鴨兒芹	50g	0.3g
小番茄	1顆（15g）	0.9g
豆芽菜	1袋（200g）	2.6g
玉米筍	1根（10g）	0.3g
櫻桃蘿蔔	2顆（16g）	0.3g
橡葉萵苣	1片（15g）	0.2g
蓮藕	1/2節（70g）	9.5g

蕈菇類

食材名稱	分量	醣類
金針菇	100g	3.7g
杏鮑菇	1根（50g）	1.3g
香菇	1個（15g）	0.2g
鴻喜菇	100g	1.3g
舞菇	100g	0.9g
蘑菇	1個（10g）	微量

主食

食材名稱	分量	醣類
烏龍麵（煮）	1份（180g）	37.4g
飯糰	1顆（100g）	36.8g
米飯（白米）	小碗（100g）	36.8g
米飯（白米）	一般量（150g）	55.2g
大麥	50g	32.6g
吐司	6片裝的1片	26.6g
吐司	8片裝的1片	19.9g
圓麵包	1個（30g）	14.0g
義大利麵	乾燥100g	71.2g
日式炒麵	1份（150g）	54.8g

豆類・大豆製品

食材名稱	分量	醣類
油豆腐	100g	0.2g
凍豆腐	1片（15g）	0.3g
油豆腐皮	1片（30g）	0.0g
嫩豆腐	1/3塊（100g）	1.7g
板豆腐	1/3塊（100g）	1.2g
納豆	1盒（40g）	2.1g
水煮大豆	100g	0.9g
蒸大豆	100g	5.0g
豆渣	100g	2.4g

其他

食材名稱	分量	醣類
杏仁	2粒（3g）	0.3g
腰果	2粒（3g）	0.6g
昆布絲	10g	0.7g
核桃	2粒（8g）	0.3g
蒟蒻	100g	0.1g
柴漬	10g	0.3g
蒟蒻絲	100g	0.1g
番茄水煮罐頭	1/2罐（200g）	6.2g
羊栖菜（乾燥）	10g	0.7g
海苔	1片（3g）	0.2g
海帶芽（乾燥）	1大匙（3g）	0.2g

調味料 · 油

食材名稱	分量	醣類
伍斯特醬	1大匙（18g）	4.7g
蠔油	1大匙（18g）	3.3g
砂糖	1大匙（9g）	8.9g
鹽麴	10g	3.9g
精製鹽	1小匙（6g）	0.0g
醬油（濃口）	1大匙（18g）	1.8g
醋	1大匙（15g）	0.4g
壽司醋	1大匙（15g）	5.2g
番茄醬	1大匙（18g）	4.6g
魚露	1大匙（18g）	0.5g
奶油	5g	0.0g
蜂蜜	1大匙（21g）	17.2g
橘醋醬	1大匙（18g）	1.4g
味醂	1大匙（12g）	7.8g
美乃滋	1大匙（12g）	0.2g
味噌	1大匙（18g）	3.1g
麵味露（3倍濃縮）	1大匙（21g）	4.2g
橄欖油	1大匙（12g）	0.0g
芝麻油	1大匙（12g）	0.0g
沙拉油	1大匙（12g）	0.0g

粉類

食材名稱	分量	醣類
太白粉	1大匙（9g）	7.3g
麵粉	1大匙（9g）	6.6g
麵包粉	1大匙（3g）	1.8g

Healthy

各食譜含醣量索引

這裡將本書中所有的配菜與米飯按照1人份（1餐量）的含醣多寡進行排序。
食譜名稱前面的數字為料理含醣量（g）。

醣類 3.0～3.9g

台灣廣廈 國際出版集團
Taiwan Mansion International Group

國家圖書館出版品預行編目（CIP）資料

超省時減醣便當菜：386道「少醣低熱量」的飽足美味，10分鐘
做出500～600卡的瘦身便當/成澤文子著；彭琬婷譯.
-- 初版. -- 新北市：臺灣廣廈有聲圖書有限公司, 2021.02
　面； 公分.
ISBN 978-986-130-482-3(平裝)
1.食譜 2.健康飲食

427.17　　　　　　　　　　　　　　　　110001065

超省時減醣便當菜
386道「少醣低熱量」的飽足美味，10分鐘做出500～600卡的瘦身便當

作　者/成澤文子		編輯中心編輯長/張秀環	
譯　者/彭琬婷		編輯/蔡沐晨	
		封面設計/林珈仔・**內頁排版**/菩薩蠻數位文化有限公司	
		製版・印刷・裝訂/東豪・弼聖・秉成	

行企研發中心總監/陳冠蒨　　　　　　線上學習中心總監/陳冠蒨
媒體公關組/陳柔彣　　　　　　　　　數位營運組/顏佑婷
綜合業務組/何欣穎　　　　　　　　　企製開發組/江季珊、張哲剛

發　行　人/江媛珍
法　律　顧　問/第一國際法律事務所 余淑杏律師・北辰著作權事務所 蕭雄淋律師
出　　　版/國際學村
發　　　行/台灣廣廈有聲圖書有限公司
　　　　　　地址：新北市235中和區中山路二段359巷7號2樓
　　　　　　電話：（886）2-2225-5777・傳真：（886）2-2225-8052

代理印務・全球總經銷/知遠文化事業有限公司
　　　　　　地址：新北市222深坑區北深路三段155巷25號5樓
　　　　　　電話：（886）2-2664-8800・傳真：（886）2-2664-8801
郵　政　劃　撥/劃撥帳號：18836722
　　　　　　劃撥戶名：知遠文化事業有限公司（※單次購書金額未達1000元，請另付70元郵資。）

■出版日期：2021年02月　　■初版6刷：2023年12月
ISBN：978-986-130-482-3　　版權所有，未經同意不得重製、轉載、翻印。